步印童书馆

步印童书馆 编著

北京市数学特级教师 丁益祥
北京市数学特级教师 司梁
『卢说数学』主理人 卢声怡
联袂力荐

小牛顿数学分级读物

第二阶 3 大数 测量 时间

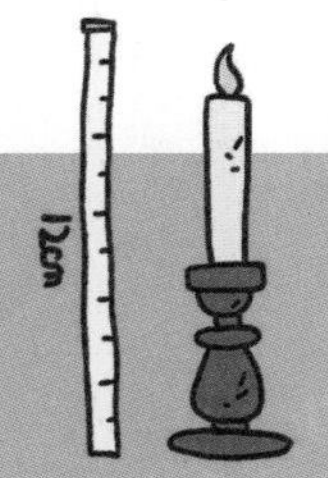

中国儿童的数学分级读物
培养有创造力的数学思维
讲透原理 → 系统进阶 → 思维转换

電子工業出版社
Publishing House of Electronics Industry
北京·BEIJING

图书在版编目（CIP）数据

小牛顿数学分级读物. 第二阶. 3, 大数 测量 时间 / 步印童书馆编著. -- 北京 : 电子工业出版社, 2024.6

ISBN 978-7-121-47627-3

Ⅰ. ①小… Ⅱ. ①步… Ⅲ. ①数学－少儿读物 Ⅳ. ①O1-49

中国国家版本馆CIP数据核字(2024)第068797号

特别鸣谢本书组稿策划人郑利强先生。

责任编辑：赵　妍　季　萌
印　　刷：当纳利（广东）印务有限公司
装　　订：当纳利（广东）印务有限公司
出版发行：电子工业出版社
　　　　　北京市海淀区万寿路173信箱　邮编：100036
开　　本：889×1194　1/16　印张：12　字数：242.4千字
版　　次：2024年6月第1版
印　　次：2024年6月第1次印刷
定　　价：80.00元（全4册）

凡所购买电子工业出版社图书有缺损问题，请向购买书店调换。若书店售缺，请与本社发行部联系，联系及邮购电话：（010）88254888，88258888。

质量投诉请发邮件至zlts@phei.com.cn，盗版侵权举报请发邮件至dbqq@phei.com.cn。

本书咨询联系方式：（010）88254161转1860，jimeng@phei.com.cn。

目录

有趣的大数

1000 有多大

1000 读作一千。

这里有 1 千只小狗。小狗们 1 百只成一群，聚集在一起。

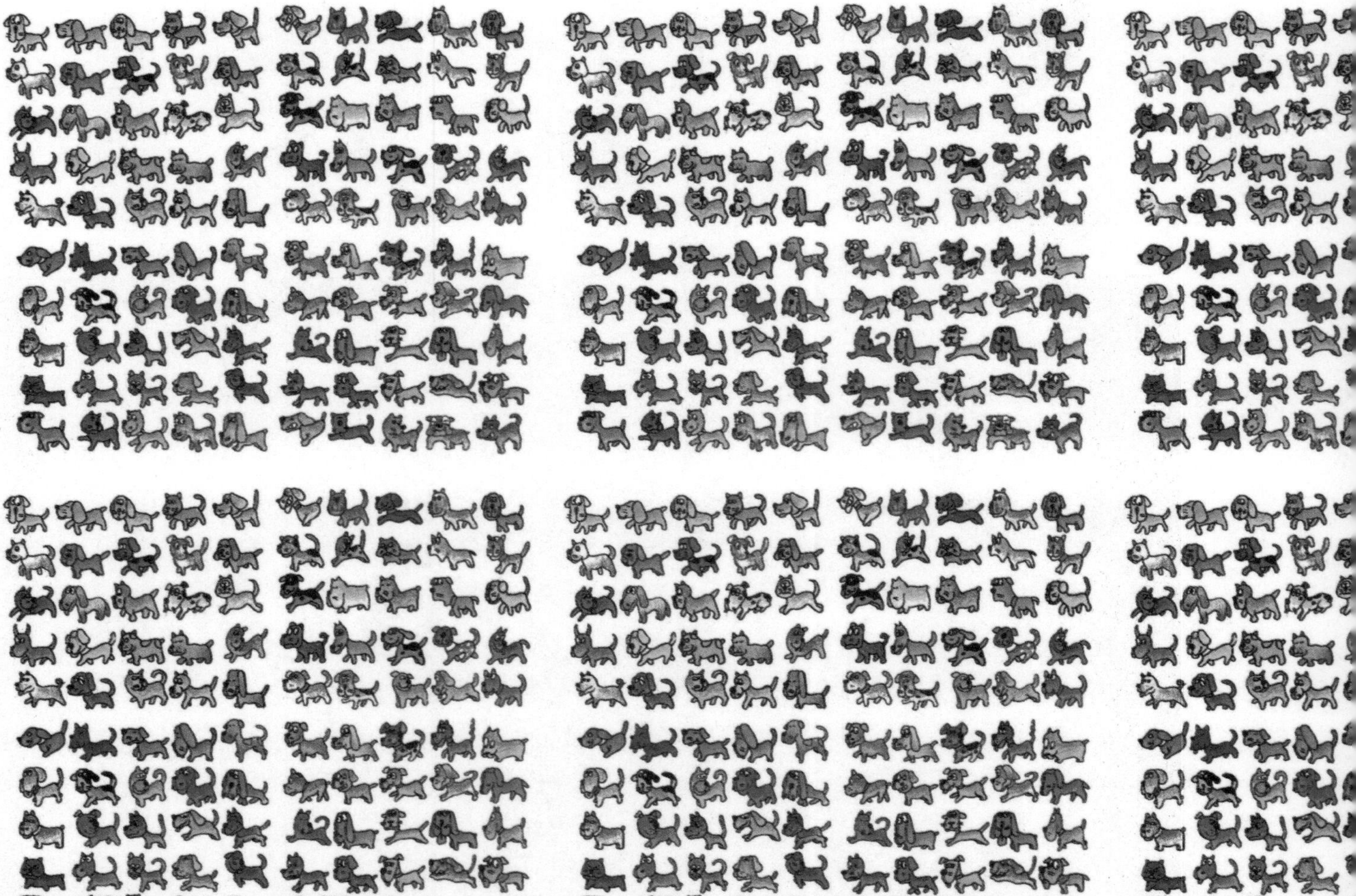

◆ 查一查 [ ] 内的数字是否正确。

350

450

学习重点

①认识 1000 有多大。
②学习 1 到 1000 所有数字的写法。

比 1000 小 1 的数是 999。

◆ 数一数：

从第 1 只数到第 1000 只。

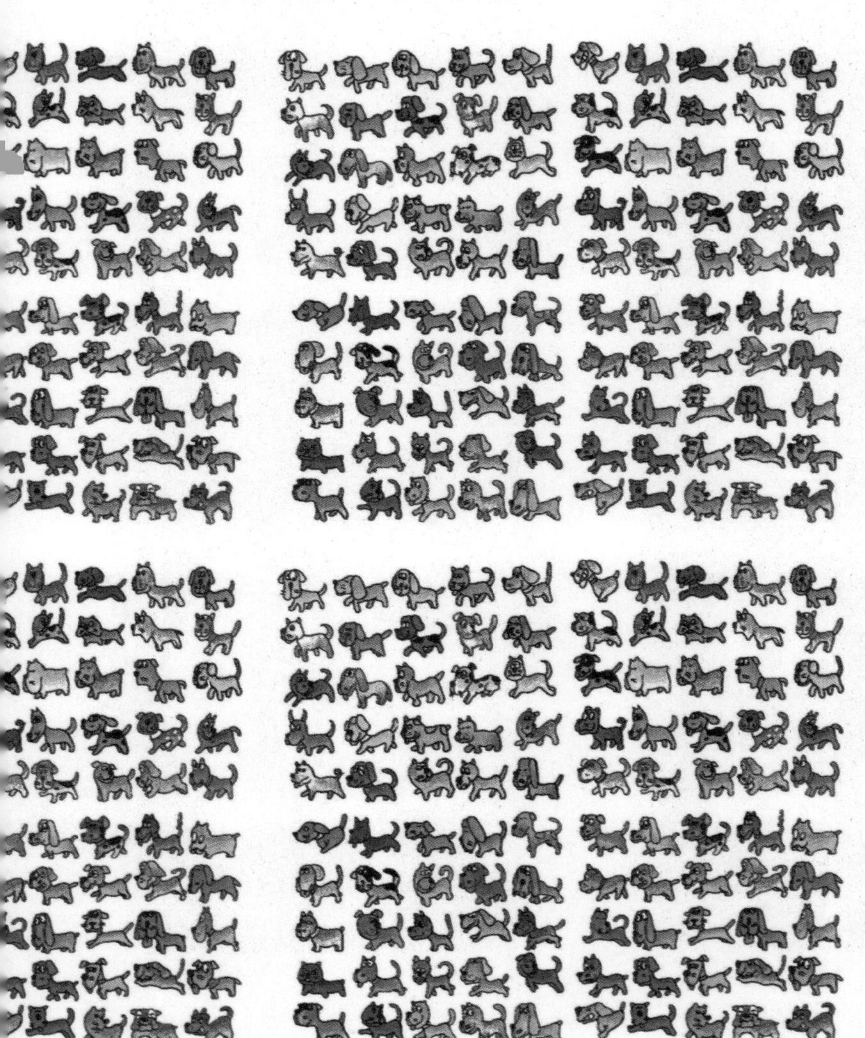

660　　900

◆ **认识 1000**

用钱的观念来认识 1000 这个数字。

10 个 1 元加在一起是 10 元。

10 个 10 元加在一起是 100 元。

1 —1 元有 10 枚→ 10 —10 元有 10 张→ 100 —100 元有 10 张→

◆ **想一想大数是如何构成的?**

①

1000 个 1 等于 1000

100 个 10 等于 1000

10 个 100 等于 1000

②

345 等于 { 3 张 100 / 4 张 10 / 5 枚 1

全部数加起来的和。

605 等于 { 6 张 100 / 0 张 10 / 5 枚 1

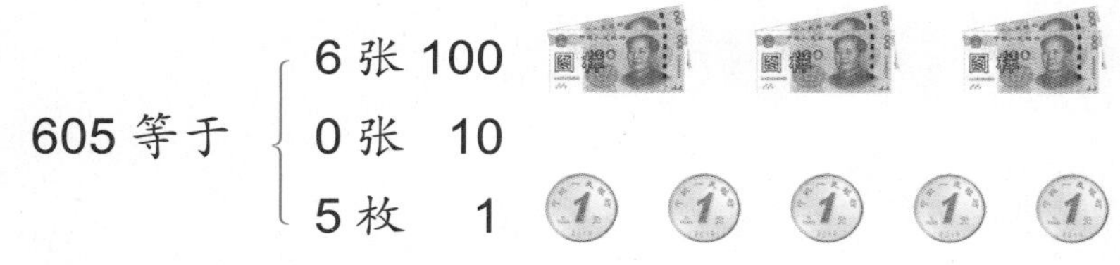

全部数加起来的和。

③

783 等于 { 百位上的数是 7 / 十位上的数是 8 / 个位上的数是 3

全部数加起来的和。

整 理

10 个 100 加起来的数写作 1000，读作一千。

1	0	0	0
千位	百位	十位	个位

10000 有多大

10000 读作一万。

数一数钱来认识 10000 这个数。

◆ 如何比较数的大小呢？

173 → 173

158 → 158

从高的数位开始比较才对。因为高位上的数字比低位上的相同数字要大得多。

两个数的百位上的数相同，所以还无法比较哪一个数大、哪一个数小。再比一比十位上的数，马上就知道哪个数大哪个数小了。十位上的数分别是 7 和 5，所以 173 大于 158。

学习重点

①认识 10000。
②学习如何比较数的大小。

※10 张 100 元等于 1000 元。
100 张 100 元等于 10000 元。

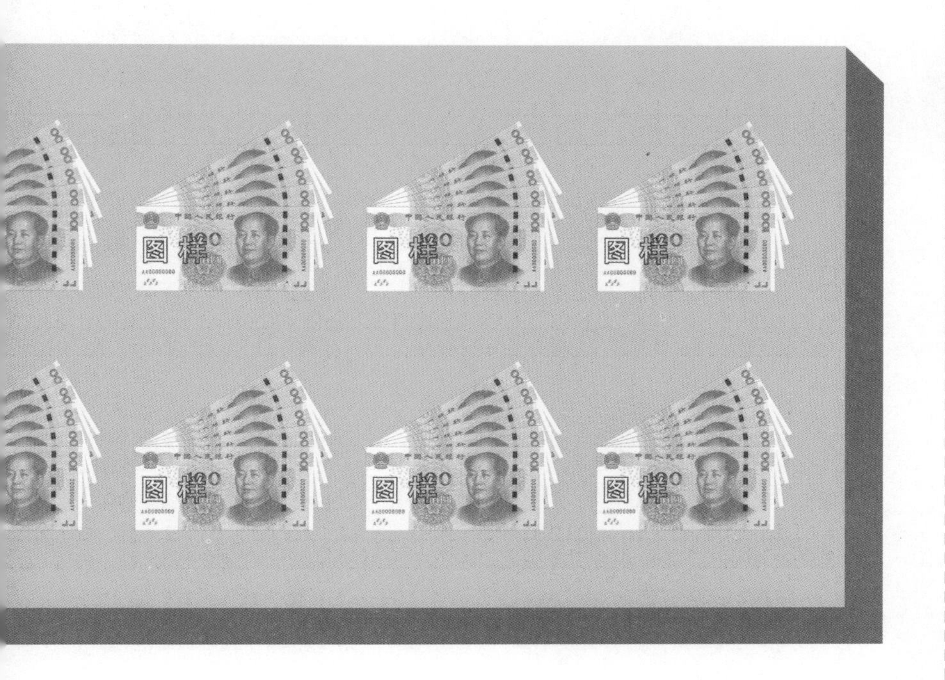

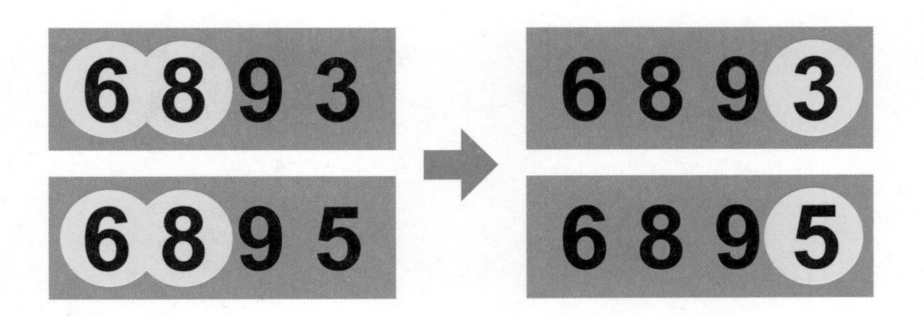

两个数的千位上的数相同、百位上的数也相同，所以还无法不比较这两个数的大小。十位上的数也相同，但是比较个位上的数后，就可以知道 6895 比 6893 大了。

动脑时间

火柴猜谜

用火柴排出 3-2 的算式。

但上图“2+2=1”的算式不对（与题目不符）。

如果只移动上图算式中的一根火柴，就能得到一个正确的算式，你知道移动哪一根火柴吗？

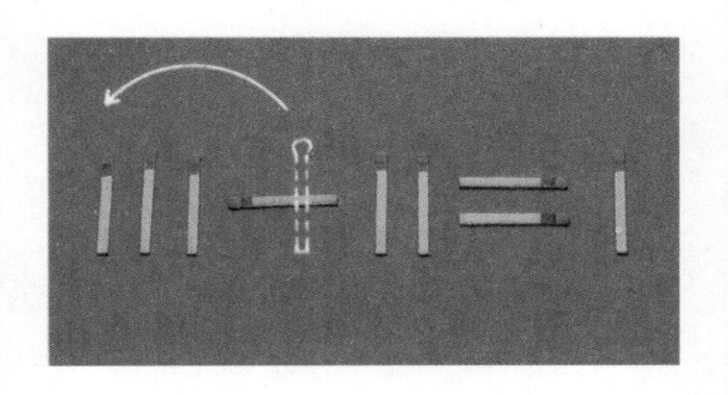

如上图所示，将画虚线的火柴移到左边，得到 3−2=1 的算式，答案与题目完全符合，是一个正确的算式。

你答对了吗？

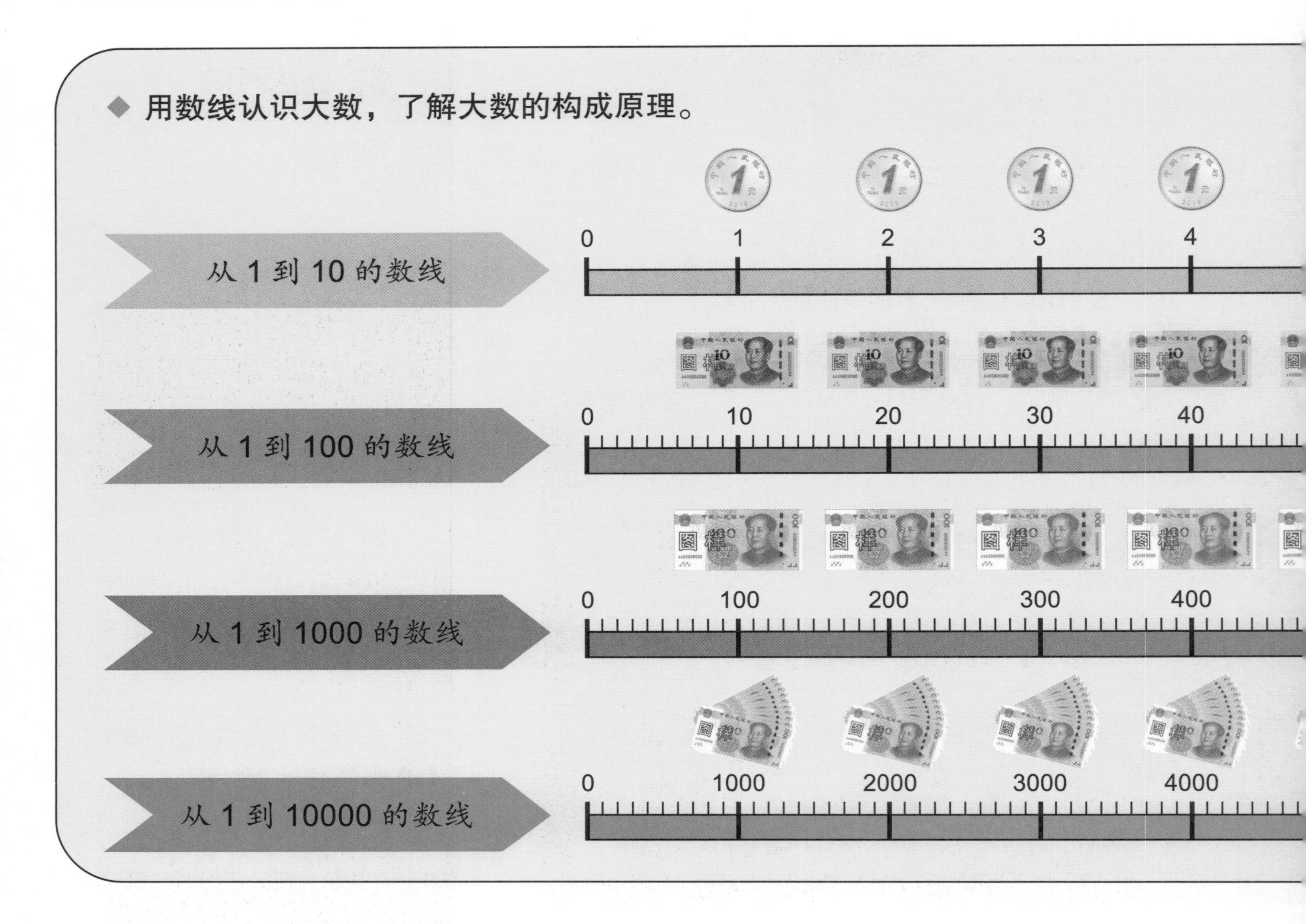

1. 找一找 465 在数线上的位置。

①465 最大的数位是百位，所以在从 1 到 1000 的紫色数线上去找。

②百位的 4 在 400 和 500 之间。

③接下来看十位上和个位上的数 65，找到 460 与 470 之间就对了。

④

每 1 小格代表 1，所以 5 位于这一小格的第 5 个刻度上。

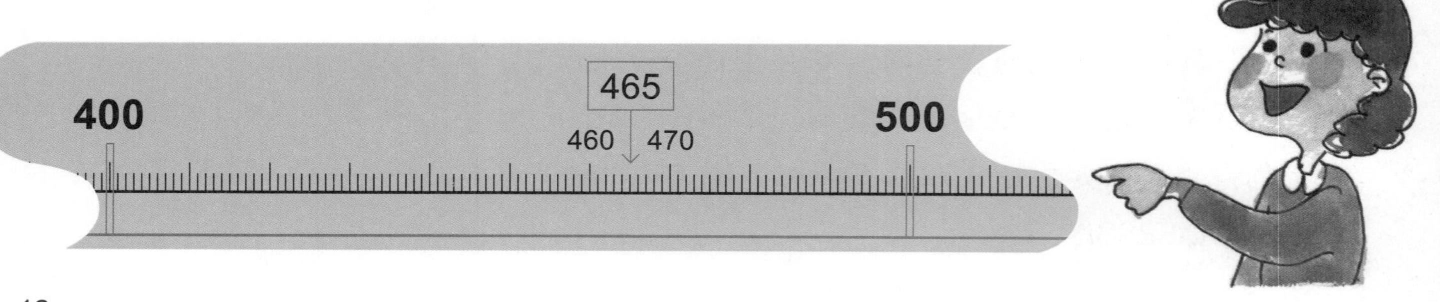

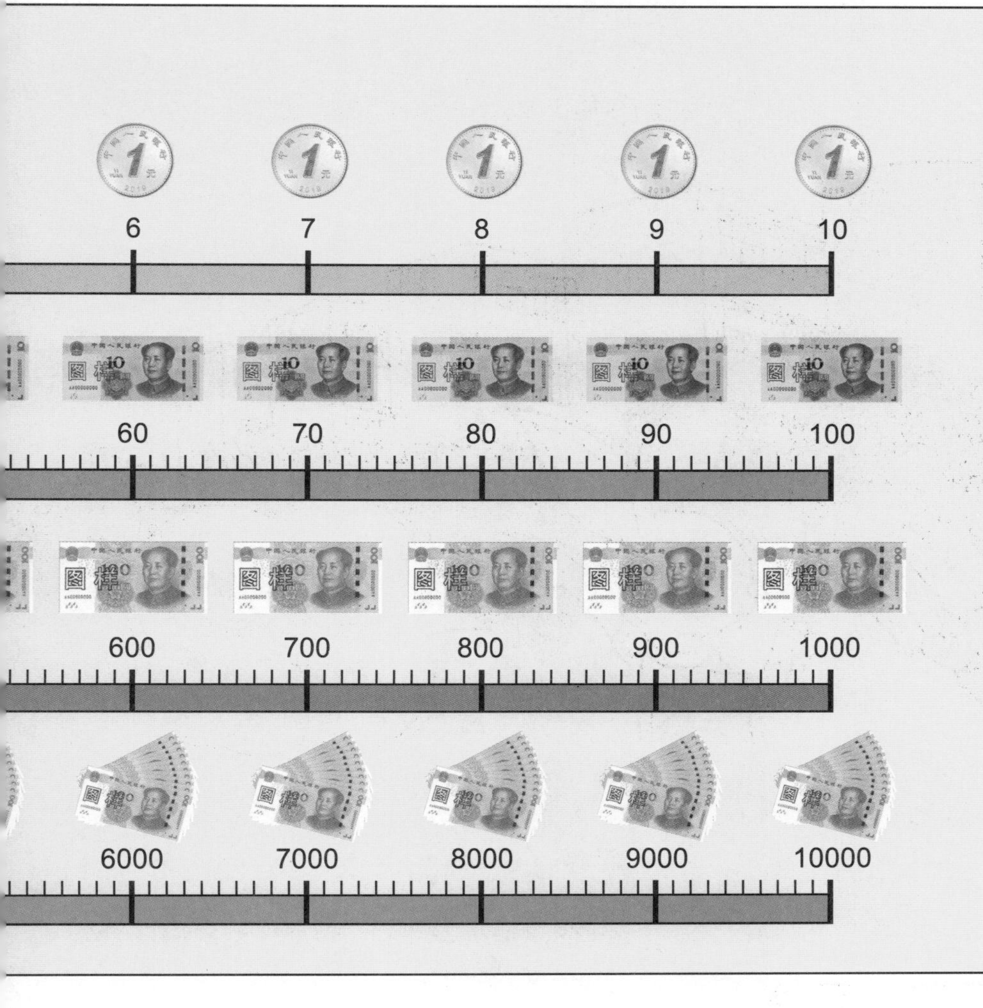

①橙色数线上的10，是红色数线的一大格刻度。红色数线每一大格刻度内的小刻度代表 1。

②红色数线上的100，在紫色数线上是一大格刻度。紫色数线上每一大格刻度内的小刻度各代表 10。

③紫色数线上的1000，在蓝色数线上是一大格刻度。蓝色数线每一大格刻度内的小刻度各代表 100。

2. 找一找，3728 在数线上的哪个位置？

①找出 1 到 10000 的蓝色数线。

②千位上和百位上的数的位置在 3700 与 3800 之间。

③下面每一小刻度代表 10，没办法画出代表 1 的刻度。

④

十位上和个位上的数的 28 位置接近 30。

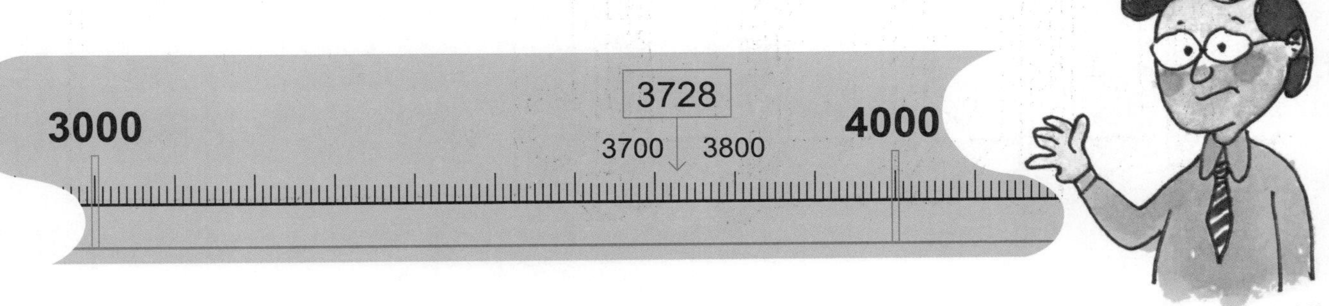

排列号码

邮差小熊正要给长颈鹿家送信。

参照下图想一想6-4-1的意思。

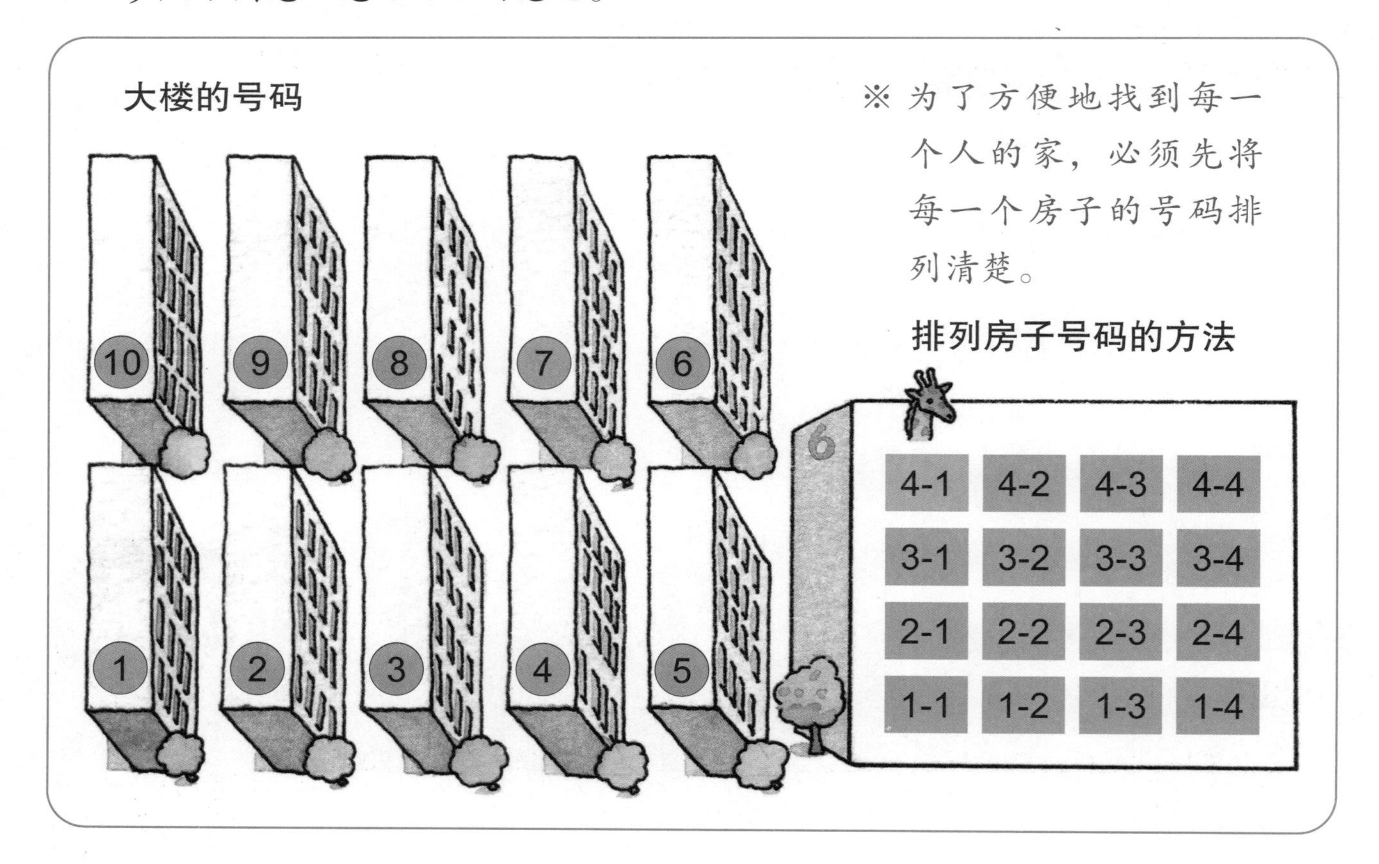

①打电话时也必须正确地写下电话号码，才不会拨错。你知道花猫先生拨错了哪个电话号码吗？

②书籍也有自己的编号。学校的书籍和刊物都会编上固定的号码，小朋友借阅时很快地找到，归还时也能很快地放回原位。

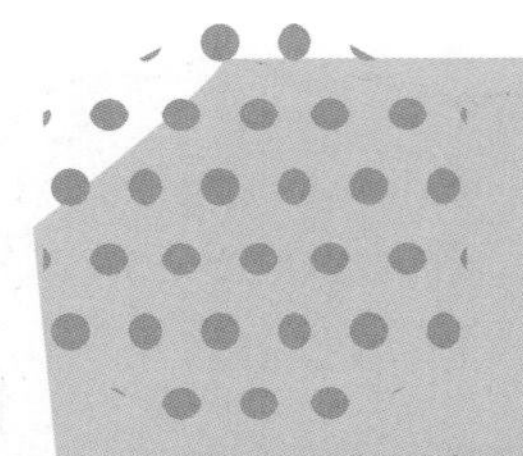

文字式子

◉ 做一做文字式子

◆ 把数字的式子改变成文字的式子。

算一算应该找回多少钱？

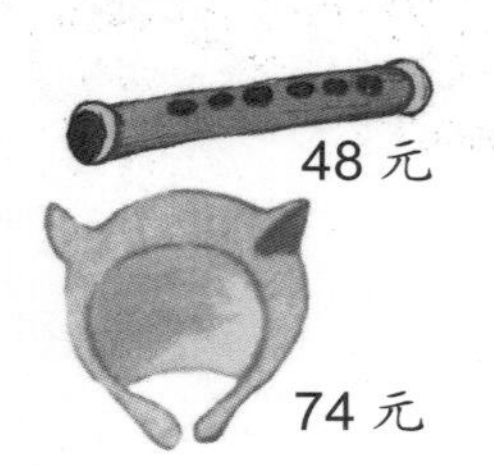

拿出 50 元，买了 48 元的笛子。

拿出 100 元，买了 74 元的帽子。

50−48=2

100−74=26

50 元与 100 元都是付出的钱。48 元与 74 元都是买东西的费用。数字的式子可以变成文字的式子。

请把下面的文字填到空格里去。

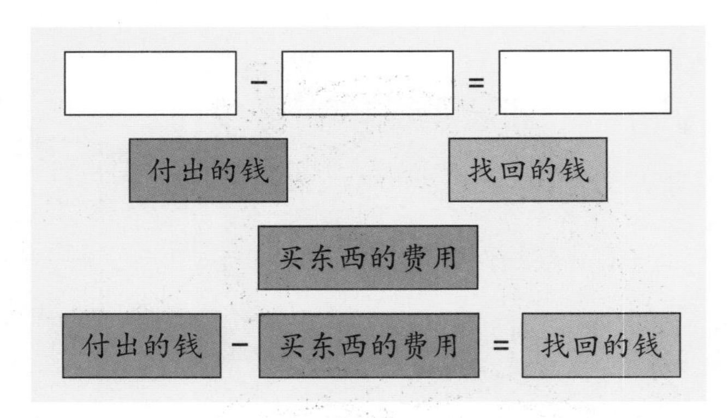

如果知道找回的钱与买东西的费用求出付出的钱，要用什么方法呢？

买 91 元的东西，付给店员 100 元，店员问有没有 1 元，于是总共付了 101 元，这是为什么呢？

101−91= ?

我知道了，因为没有零钱可以找，所以多付 1 元，找回 10 元。

◆ 把乘法改成文字式子试一试吧！

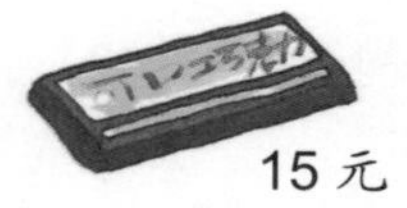
15元

买5块巧克力：

15×5=75（元）

4人

一队4人，共有12队：

4×12=48（人）

750张

一捆有750张，总共42捆：750×42=31500（张）

75元、48人、31500张等，都是表示全体的数量。

15元、4人、750张，是表示单独一份的数量。

5块、12队、42捆，是表示每一份的倍数，也叫份数。

乘法用于计算数个相同数量，也可以用文字式子来表示。

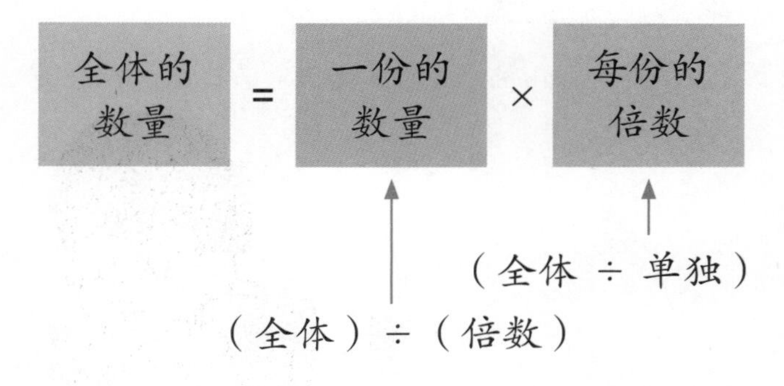

摇摇球一个15元，买35个，用文字式子表示如下：

（费用）=（1个的价钱）×（总共几个）

4辆游览车，每辆游览车可以坐35人，用文字式子表示如下：

（全体的人数）=（1辆的人数）×（总共几辆）

学习重点

加法、减法、乘法、除法可以用文字式子来表示。

除法与文字式子

一条绳子长45厘米，把它分成5条同样长的短绳，每条短绳长度是多少厘米？

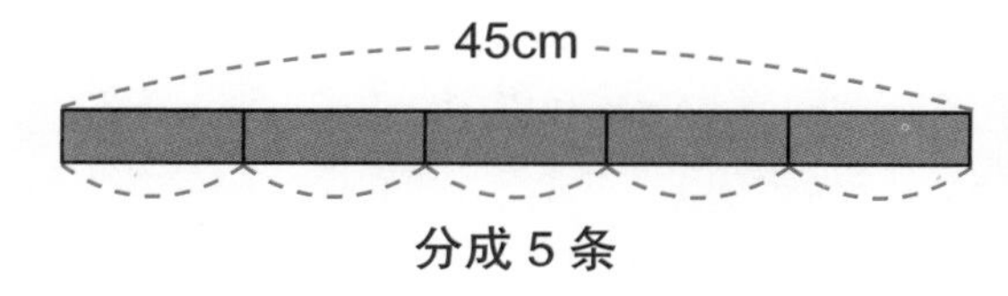

45÷5=9（厘米）……每条长度

一份的数量	=	全体的数量	÷	份　数

有20位客人，每4个人坐一辆车，一共需要多少辆车？

20÷4=5（辆）……份数

份数	=	全体的数量	÷	一份的数量

除法是计算全体的数量可以分成多少单独数量的方法。

整　理

用文字式子可以很容易地分析和解决问题。

巩固与拓展

整理

1 1000以内的数

10个10等于100。

2个100等于200。

3个100等于300。

9个100等于900。

10个100组成的数读作一千，写作1000。

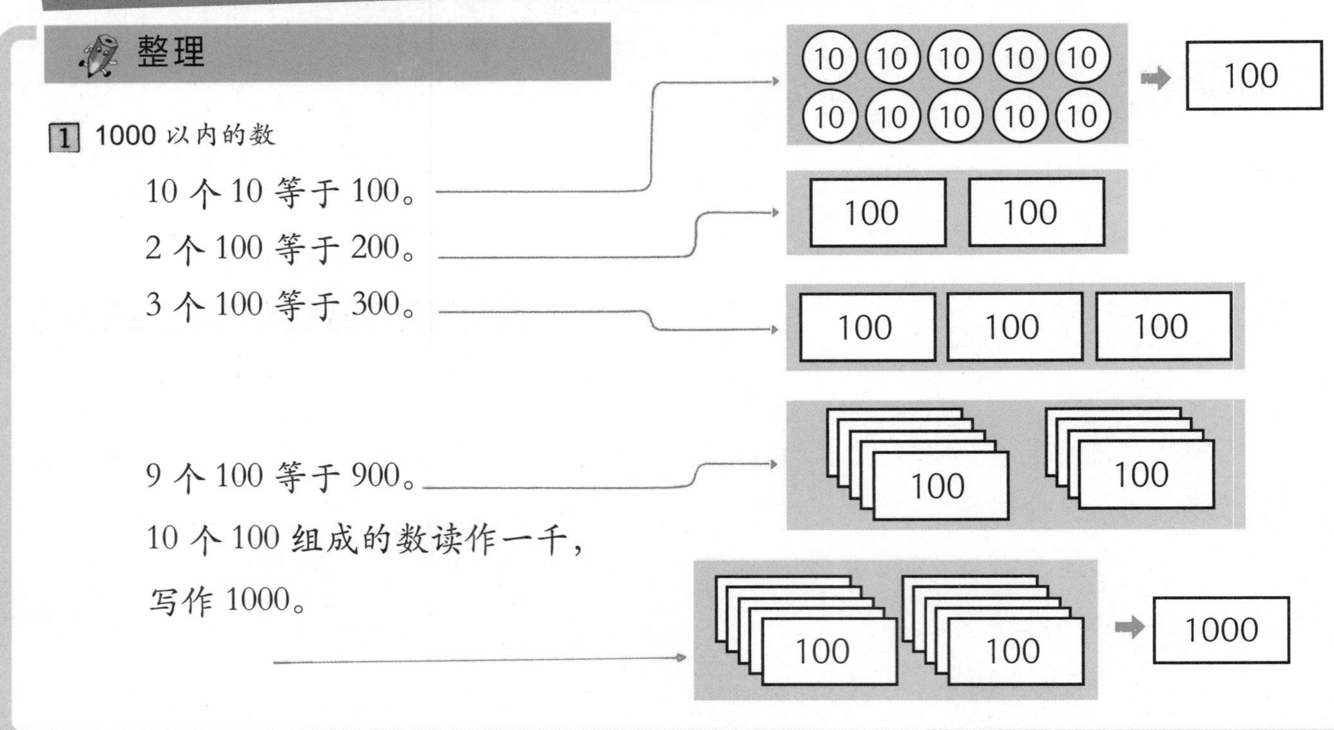

试一试，来做题。

1 小英和小明各有1个存钱罐。

①小明每天存10元。

10天后小明总共存了多少元？

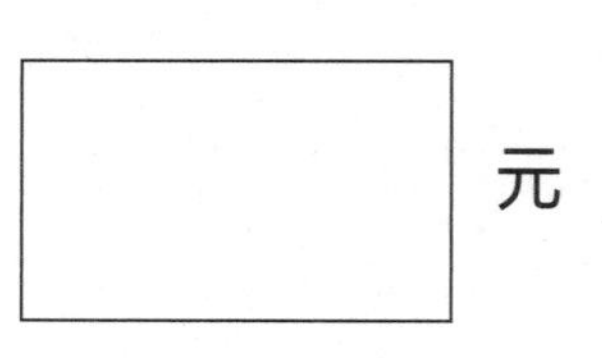 元

2 比 1000 大的数

一千三百五十二等于一千加上三百五十二。

$1352 = 1000 + 352$

千位	百位	十位	个位
1	3	5	2
1 个 1000	3 个 100	5个 10	2个 1

3 4563 是什么样的数呢?

4 个 1000 等于 4000。

5 个 100 等于 500。

6 个 10 等于 60。

3 个 1 等于 3。

1000	100	10 10	1
1000	100	10 10	1
1000	100	10 10	1
1000	100		
	100		

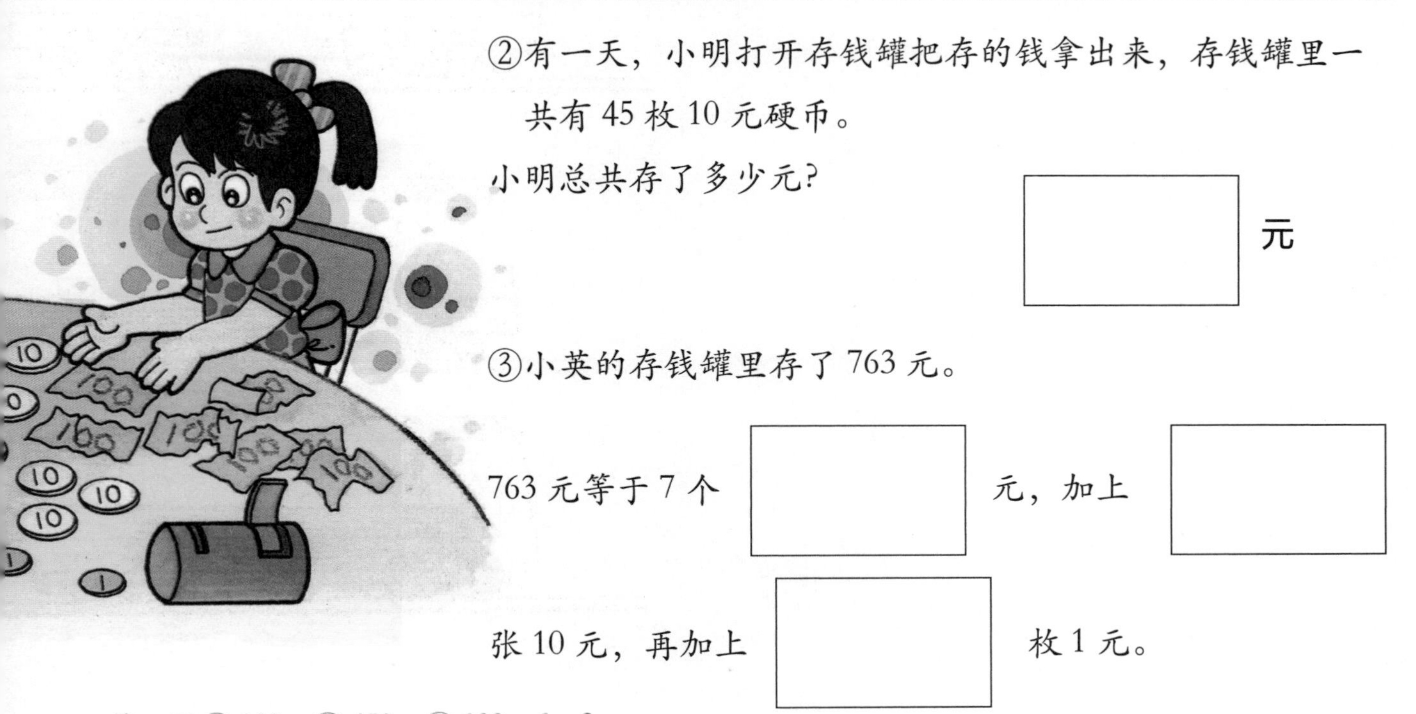

②有一天，小明打开存钱罐把存的钱拿出来，存钱罐里一共有 45 枚 10 元硬币。

小明总共存了多少元? □ 元

③小英的存钱罐里存了 763 元。

763 元等于 7 个 □ 元，加上 □ 张 10 元，再加上 □ 枚 1 元。

答：1 ① 100；② 450；③ 100，6，3。

2 数字的乐园

看看图，答一答。

(1) 在空白的车厢上填写数字。

(2) 哪一边比较大？

在□中填写>、<的符号。

① 756 □ 765

② 831 □ 830

③ 295 □ 305

④ 1324 □ 1234

(3) 画线把大小相同的数连接起来。

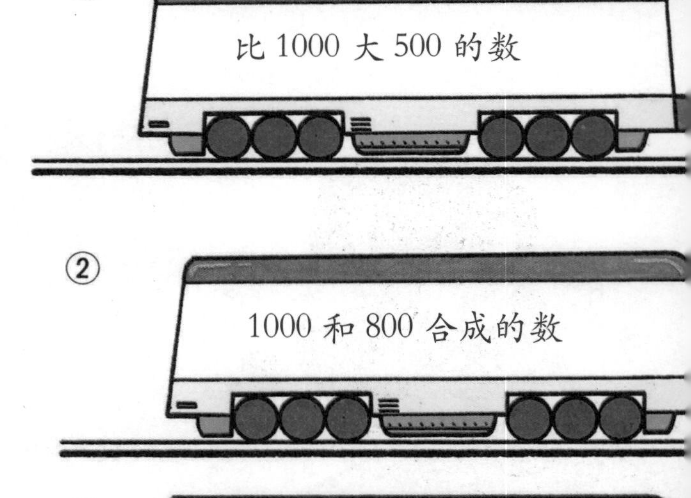

③

答：2 (1) 994、996、997、998、1000、1001、1002、1003、1004、1005。

(4) 在空白的车厢上填写数字。

答：(2) ①<；②>；③<；④>。(3) ① B、甲；② C、丙；③ A、乙。(4) 499、501。

解题训练

■ 大数的形成。想一想，2、3、4各是第几位上的数。

■ 在□中填上适当的数。

◀ 提示 ▶

2034的千位上的数是2，所以有2个1000。

1

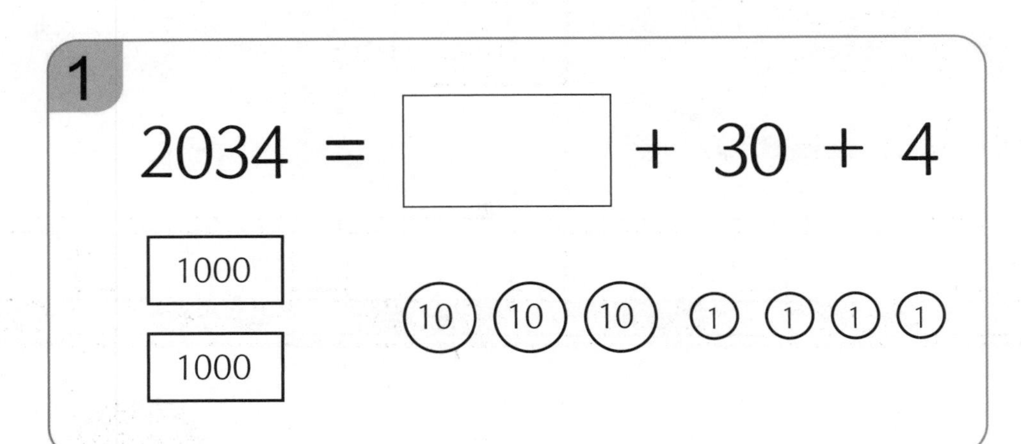

● 解法 百位上的数是0，所以有0个100。十位上的数是3，所以有3个10；个位上的数是4，所以有4个1。

2034 ＝□＋ 34 □中的数是2000

答：2000。

2

把下面的数用阿拉伯数字写出来。

三千五百零二

如果写作30005002就错了！

● 解法 如果三千写作3000，五百写作500，但是三千五百不可以写作3000500。看一看数位表，再仔细想一想吧！

◀ 提示 ▶

按照数位写出数字。把千位上的数、百位上的数、十位上的数、个位数排出来，就成为箭头下面的数了。

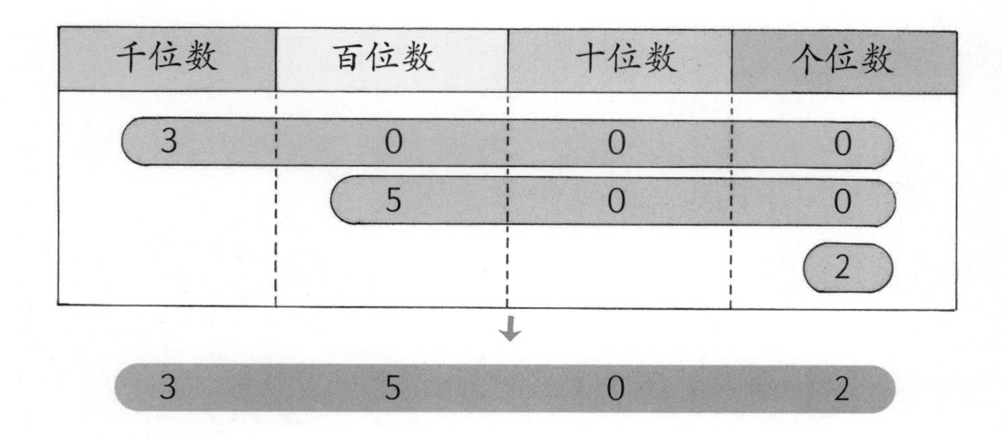

■ 数的顺序和排列方法。

◀ 提示 ▶

想一想，数和数之间相差多少？

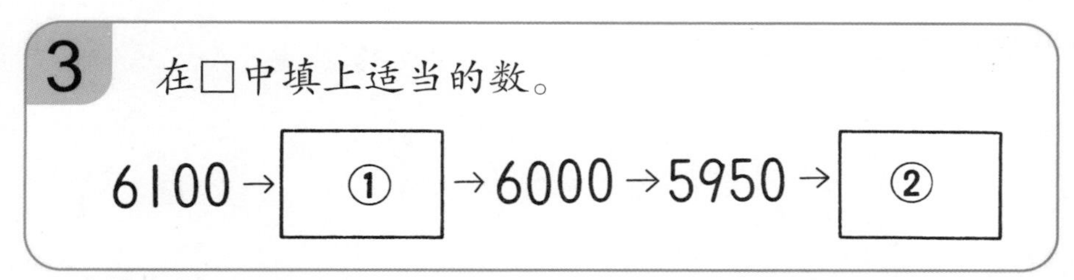

● 解法

从 6100 开始算起，数字渐渐变小。6000 和 5950 之间相差 50，6100 和 6000 之间相差 100，所以①代表的数比 6100 小 50，比 6000 大 50。②代表的数比 5950 小 50。

答：①代表的数是 6050；②代表的数是 5900。

◀ 提示 ▶

千和百的关系。

■ 1000 等于 10 个 100。

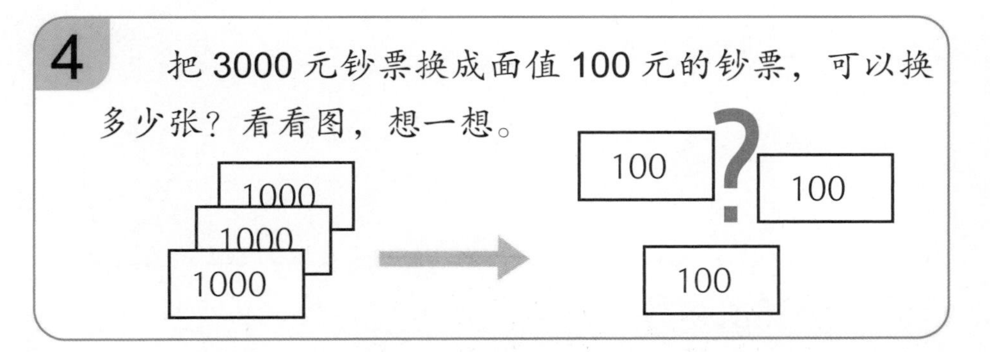

● 解法 画图如下：

答：30 张。

加 强 练 习

1 在□中填上正确的数。①

① 880→□→920→940→□→980→□

② 1005→□→995→990→□→980

2 按照数的大小在（　　）中填上1、2、3。最大的填1。

①六千八百九十、六千九百八十、六千零九十八

（　）　（　）　（　）

② 8043、8304、8403

（　）　（　）　（　）

③ 7930、7939、7935

（　）　（　）　（　）

3 在□中写出所有正确的数字。

① □84 > 760

② 3□4 < 350

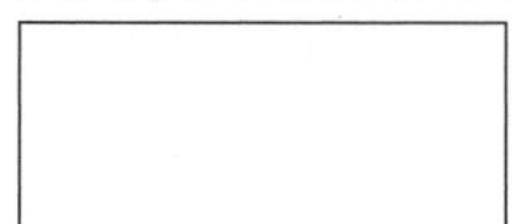

解答和说明

1 ①每个数之间都相差20。答：900、960、1000。

②每个数之间相差5。答：1000、985。

2 注意每一个数位上的数字大小。

答：①2、1、3；②3、2、1；③3、1、2。

4 蓝色的纸 2000 张、红色的纸 600 张、白色的纸 50 张。

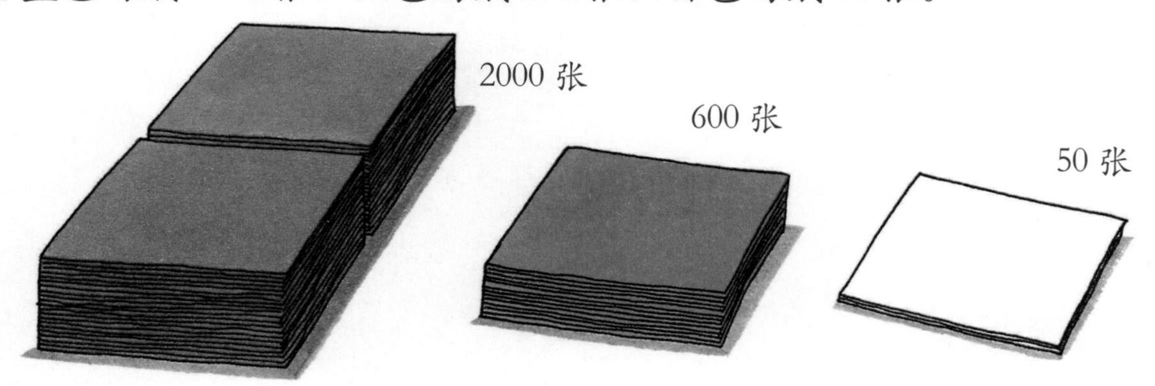

①蓝色的纸和红色的纸一共有多少张？

算式［　　　　　　　　　　］　　答：□ 张

②蓝色的纸和白色的纸一共有多少张？

算式［　　　　　　　　　　］　　答： 张

③把蓝色的纸每 100 张堆成一沓，可堆成多少沓？

答： 沓

3 比较百位上和十位上的数的大小。答：①7、8、9；②4、3、2、1、0。

4 按照右边的表把每一个数位上的数排出来。

① 2000 + 600 = 2600（张）

② 2000 + 50 = 2050（张）

③ 1000 等于 10 个 100，2000 等于 20 个 100。

答：20 沓。

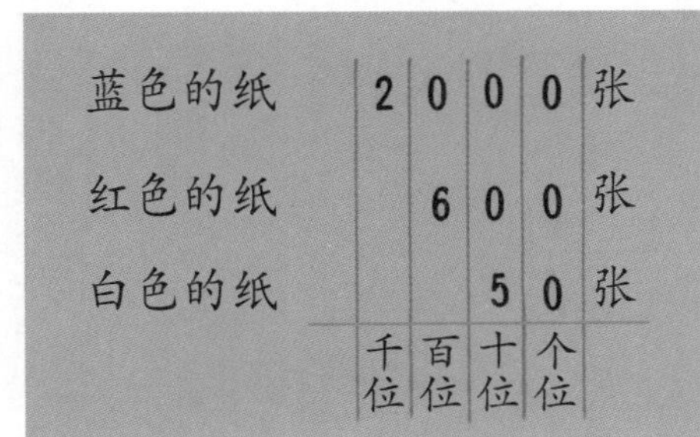

	千位	百位	十位	个位	
蓝色的纸	2	0	0	0	张
红色的纸		6	0	0	张
白色的纸			5	0	张

学会测量

长度的测量方法

厘米、毫米

量一量，从栅栏口到房子门口有多长？

没有办法确定长度，真伤脑筋。那怎么办呢？

※ 测量长度的时候，用测量长度的工具（尺子）会很方便。

从公交车站牌到山上的小木屋，有两条路可以走。量一量，每一条路的长度有多少格？

学习重点

①用尺测量长度。

②记住长度的单位有：米（m）、厘米（cm）、毫米（mm）。

甲这条路的长度是13格。

乙这条路的长度是19格。

所以，我们知道乙这条路的长度比甲这条路的长度多了6格。

刻　度

尺的上面有刻度，是用来测量长度的。

右图中，1个大刻度的长度被称为1厘米，写作1cm。

1个小刻度的长度称为1毫米，写作1mm。

10个1mm的长度刚好等于1cm。

上面的纸条的长度，1cm长度的有4格，等于4cm，再加上1mm长度的3格，等于3mm。

把两个长度加起来，纸条的长度4cm3mm，可读作“四厘米三毫米”。

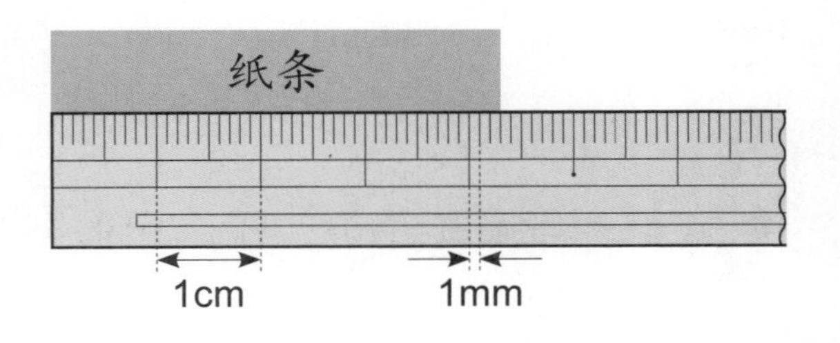

1cm=10mm

米

用30厘米的尺子，量一量桌子的长度。

结果，刚好要量3次再加上20厘米。

所以，3个30厘米，等于90厘米，再加上20厘米，桌子的长度一共是90+20=110厘米。

如果要量比30厘米更长的东西，用长1米长的尺量会比较方便。

1米写作1m。

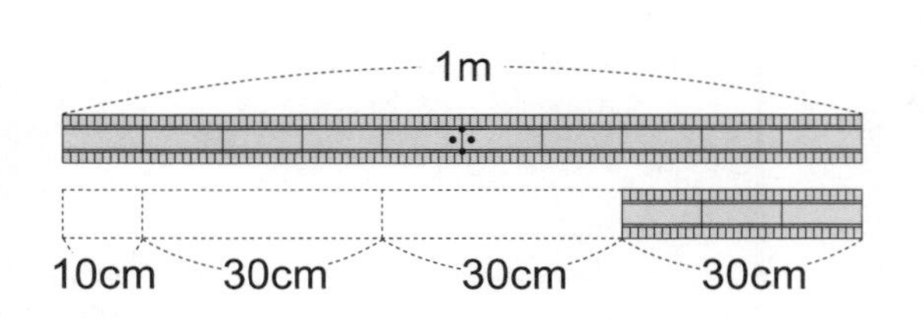

1m=100cm

◆ 我们一定要先了解尺子上面的刻度的含义。

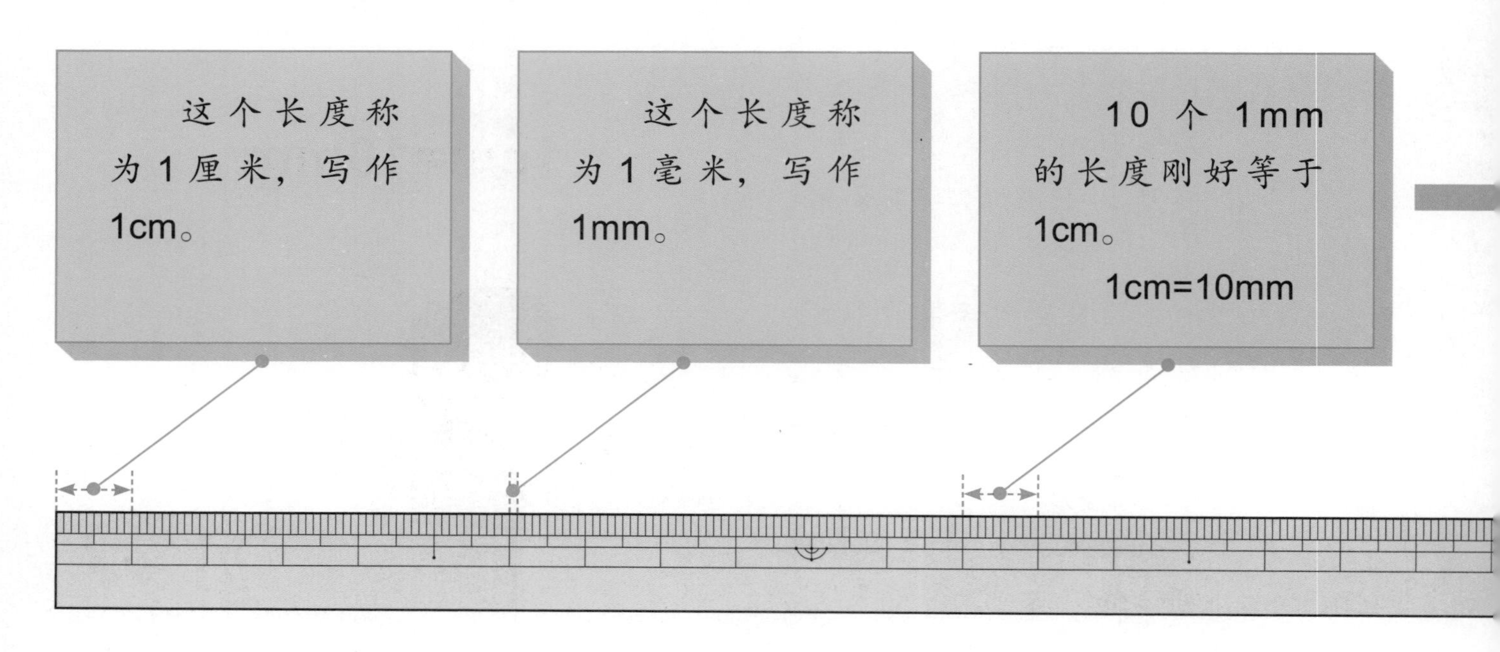

用 1 米长的尺，量一量黑板的长度。

结果要量 3 次再加 15 厘米，也就是 3 米 15 厘米。3 米加 15 厘米，跟 300 厘米加 15 厘米长度是一样的。

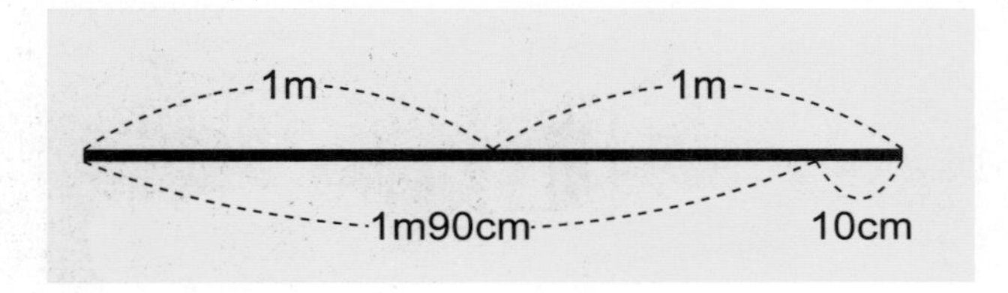

接下来，要量的是书柜的长度。因 1 米长的尺要量 2 次，不过还少 10 厘米。所以，长度是 2 米减 10 厘米，也就是 1 米 90 厘米。

100 个 1 厘米的长度称为 1 米，也可以写作 1m。

1m=100cm

1000 个 1 米的长度称为 1 千米，也可以写作 1km。

1km=1000m

整理一下前面所说过的。
1cm=10mm
1m=100cm
1km=1000m

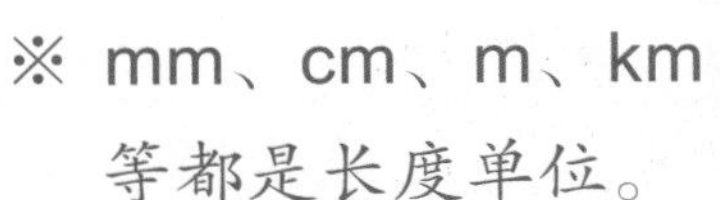

※ mm、cm、m、km 等都是长度单位。

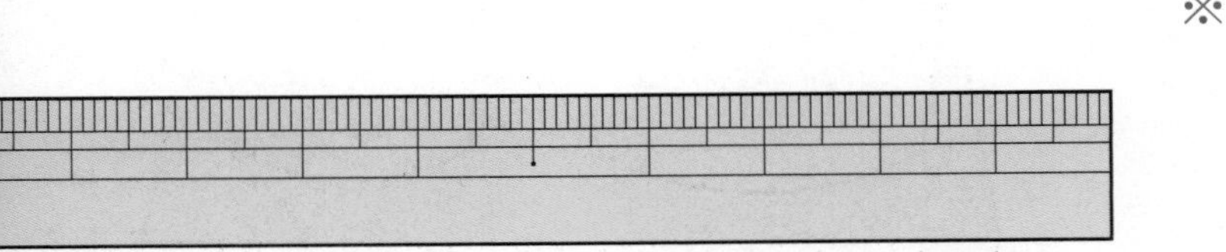

容积的测量方法

容积的单位

你知道测量容积时要用什么单位吗？

两个杯子的容积看起来不一样哦，可是，又没有办法做比较。

这时候，老虎老师来了。

左图称为容器。这个容器的内侧，不论长、宽或高都是10厘米（cm）。这个容器装满的容积就称为1立方分米，也称作1升（l）。

牛伯伯的牛奶刚好是1升。

学习重点

测量容积时，常用的单位是升（l）和毫升（ml）。

1升（l）=1000毫升（ml）。

巩固与拓展

整 理

1. 长度

（1）用尺子可以测量物体的长度。

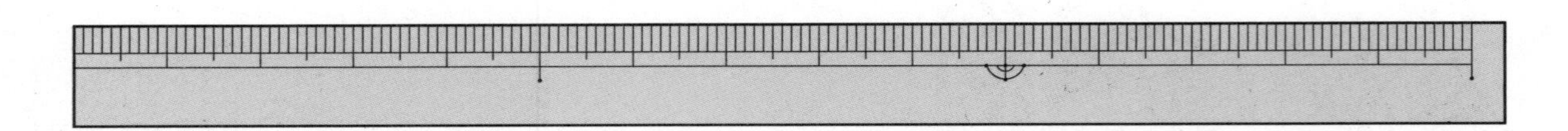

（2）米、厘米、毫米都是长度单位。

1 米 =100 厘米，1 厘米 =10 毫米。

（3）长度可以用长度单位表示。

下面带子的长度是 1 厘米的 5 倍 ➡ 5 厘米。

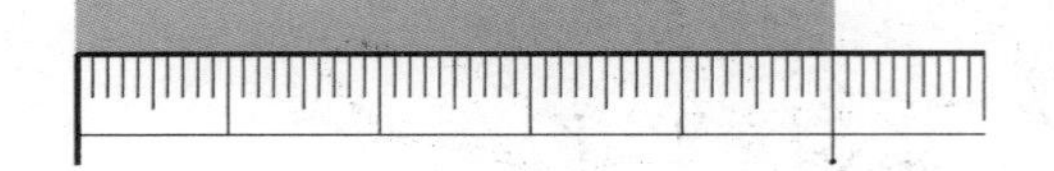

试一试，来做题。

1. 在森林里，熊老师正在教动物们认识长度单位。

①量一量，右图中黑板的长和宽各是多少？

②算一算，黑板上的问题怎么回答？

长 □　　宽 □

2. 容积

（1）用量杯可以计算容积。

（2）升、毫升都是容积的单位。

1 升 =1000 毫升。

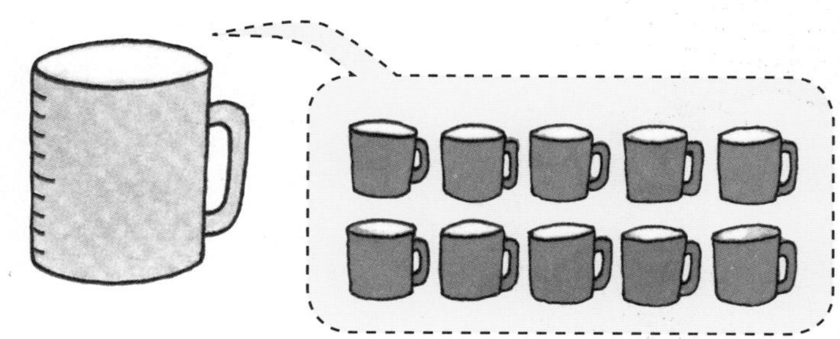

10 杯 100 毫升的水可以装满 1 升的量杯。

（3）容积可以用容积单位表示。

➡ 1 升的 3 倍是 3 升

答案：1. ①宽 5 厘米 2 毫米，长 10 厘米 3 毫米；② >，<。

2. 兔宝宝和小老鼠试着量带子的长度。

蓝色带子和粉色带子各有多长？（没有和尺子的左边对齐，那就要数得更仔细一些啦）

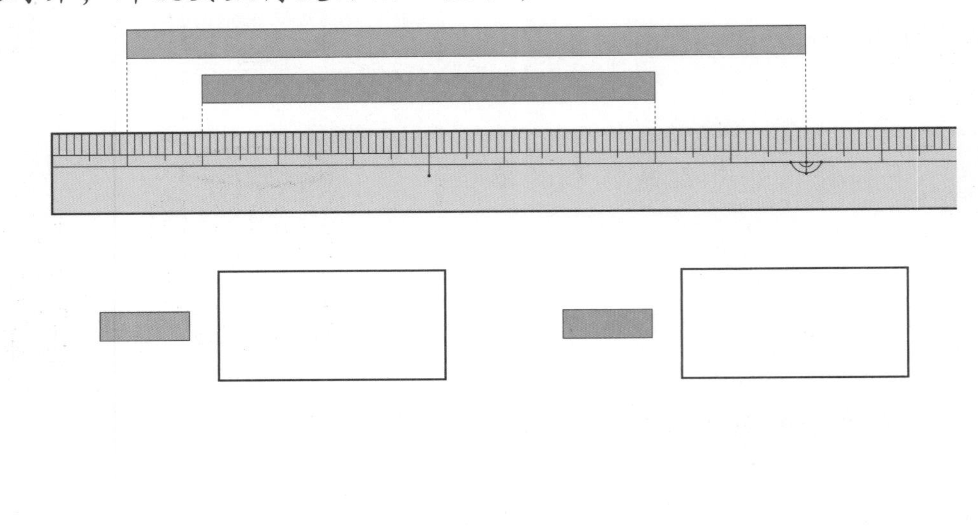

4. 这里有 1 个容积为 6 升的水箱。看看图，答一答。

①动物们正忙着把量杯里的水倒入水箱中，每个量杯都装满了水。都倒完后，水箱里的水有几升几毫升？

答 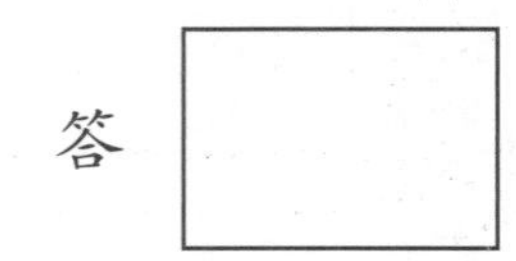

答案：2. 蓝色带 6 厘米，粉色带 9 厘米。3. ① 200；② 30；③ 125；④ 1、2。

3. 在□里填上正确的数。

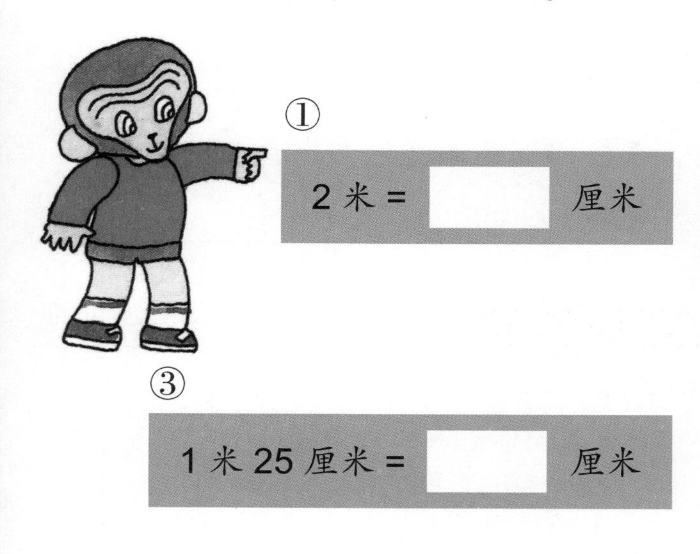

① 2 米 = □ 厘米

② 3 厘米 = □ 毫米

③ 1 米 25 厘米 = □ 厘米

④ 12 毫米 = □ 厘米 □ 毫米

5. 在□里填上数字。

① 3 升 700 毫升 = □ 毫升

② 2 升 500 毫升 +50 毫升 = □ 毫升

③ 1 升 −700 毫升 = □ 毫升

④ 1 升 600 毫升 −700 毫升 = □ 毫升

②若要把水箱装满，还要几升几毫升的水？

答 □

答案：4. ① 3 升 100 毫升；② 2 升 900 毫升。
5. ① 3700；② 2550；③ 300；④ 900。

加强练习

1. 量一量，带子的长度是多少？再想想，怎样摆放尺子更好看出长度？

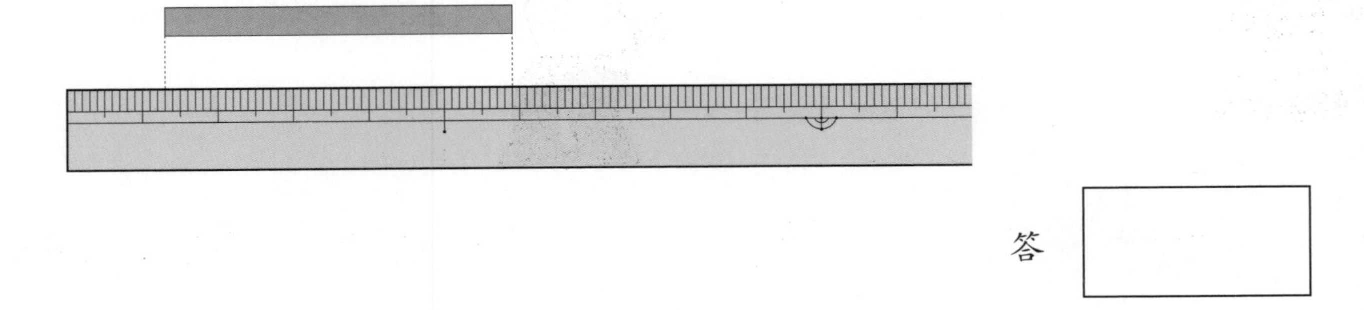

答

2. 用 2 米长的绳子捆包裹，但是绳子太长，所以用剪刀剪去 40 厘米。请问捆包裹用去了多长的绳子？

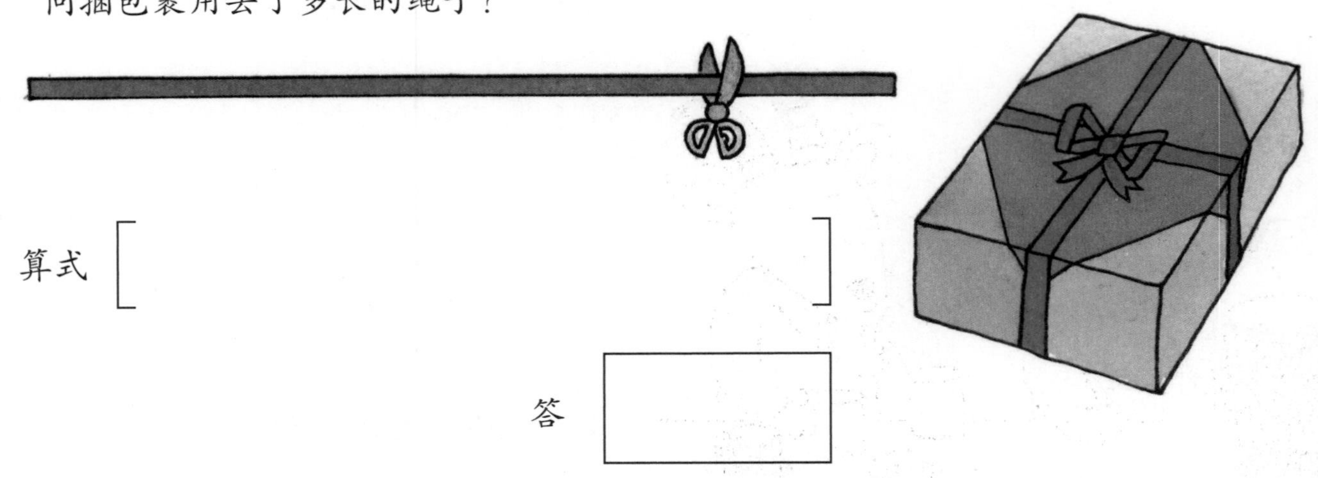

算式［　　　　］

答

解答和说明

1. 带子的长度等于 5 厘米 9 毫米减去 1 厘米 3 毫米。

5 厘米 9 毫米 −1 厘米 3 毫米 =4 厘米 6 毫米。答：4 厘米 6 毫米。

2. 2 米等于 1 米加上 100 厘米，100 厘米减去 40 厘米等于 60 厘米。答：1 米 60 厘米。

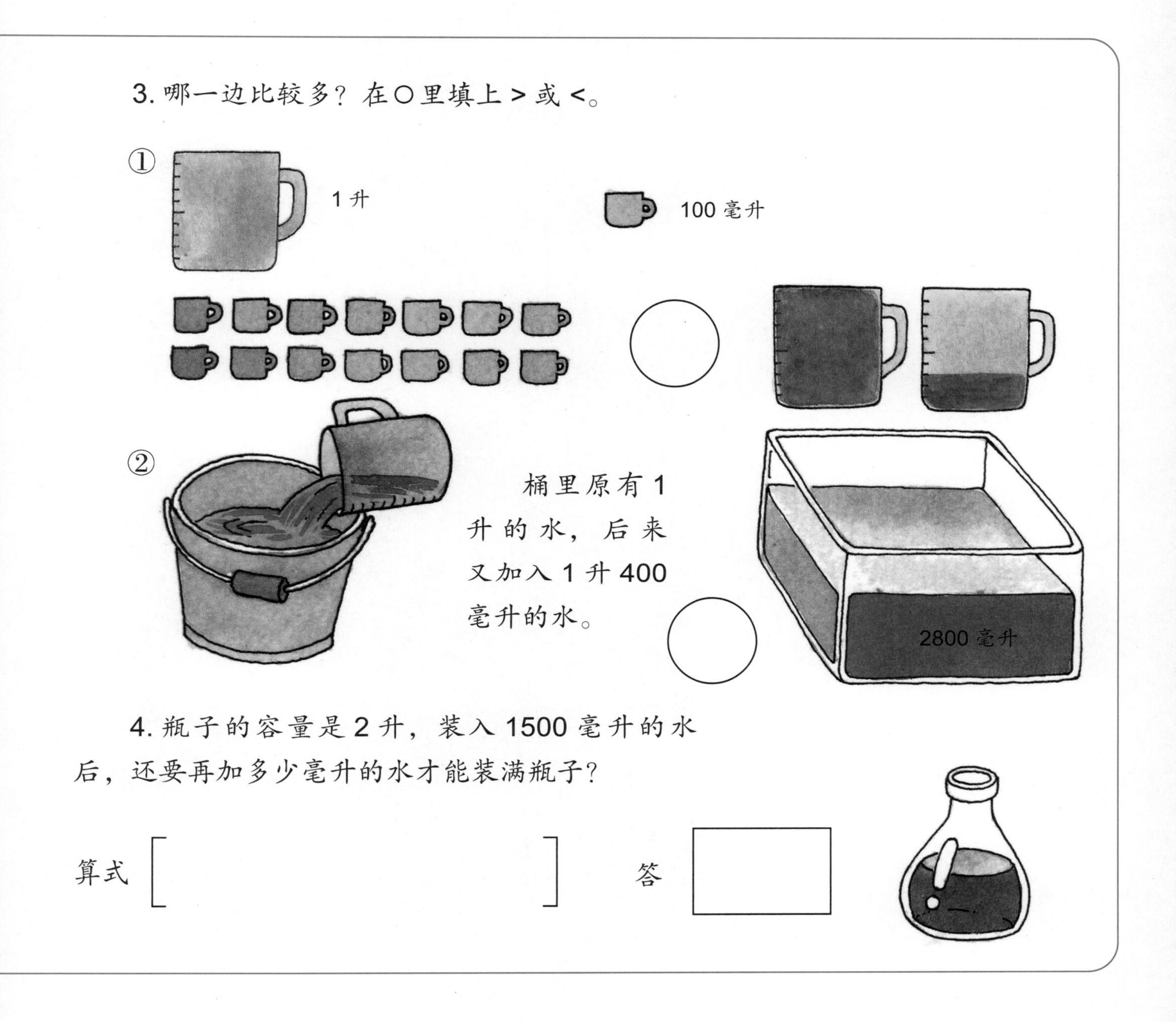

3. 哪一边比较多？在○里填上 > 或 <。

①

②

桶里原有 1 升的水，后来又加入 1 升 400 毫升的水。

4. 瓶子的容量是 2 升，装入 1500 毫升的水后，还要再加多少毫升的水才能装满瓶子？

算式 [　　　　　　　　] 答

3. ①把 1400 毫升和 1 升 300 毫升互相比较。答：>。

②桶子里的水是 1 升 400 毫升再加 1 升，共有 2 升 400 毫升。水箱里有 2800 毫升的水。把 2 升 400 毫升和 2800 毫升互相比较。答：<。

4. 从 2 升里减去 1500 毫升。2 升等于 2000 毫升，

2000 毫升 −1500 毫升 =500 毫升。答：500 毫升。

认识时间

时钟的读法

◎ 长针与短针的移动

来自时钟国的小矮人，要来帮助大家学会看时钟。

◆ 看一看长针是怎么移动的。

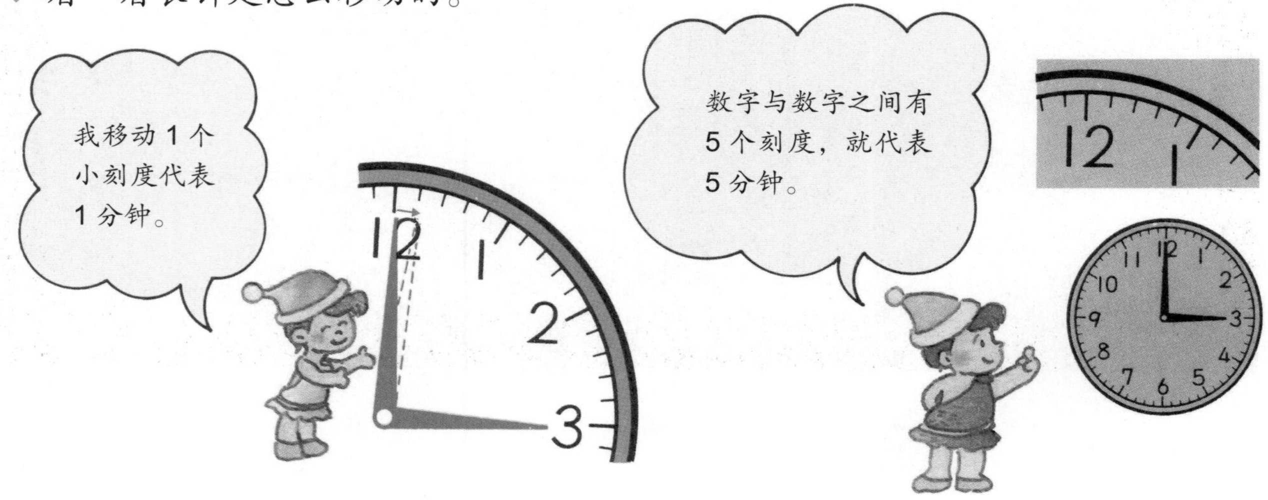

※ 时钟上的1个小刻度代表1分钟。

学习重点

①研究长针与短针的移动。
②时刻和时长的不同。

长针不论从什么地方开始走，转 1 圈都是 60 分钟。

1 小时 =60 分钟

◆ 看一看短针怎么移动的。

◉ 时刻与时长的不同

短针前进了2大格，所以是2小时。

短针已经超过8，所以是8点；长针指向16，是16分，时间是8点16分，也叫8时16分。

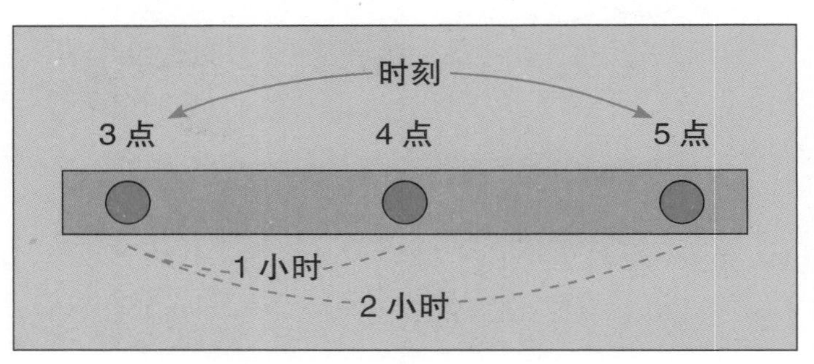

◆ 将时刻与时间用数线表示。

①下图就是用数线表示时刻。

“1点10分”或“2时30分”等称为时刻。

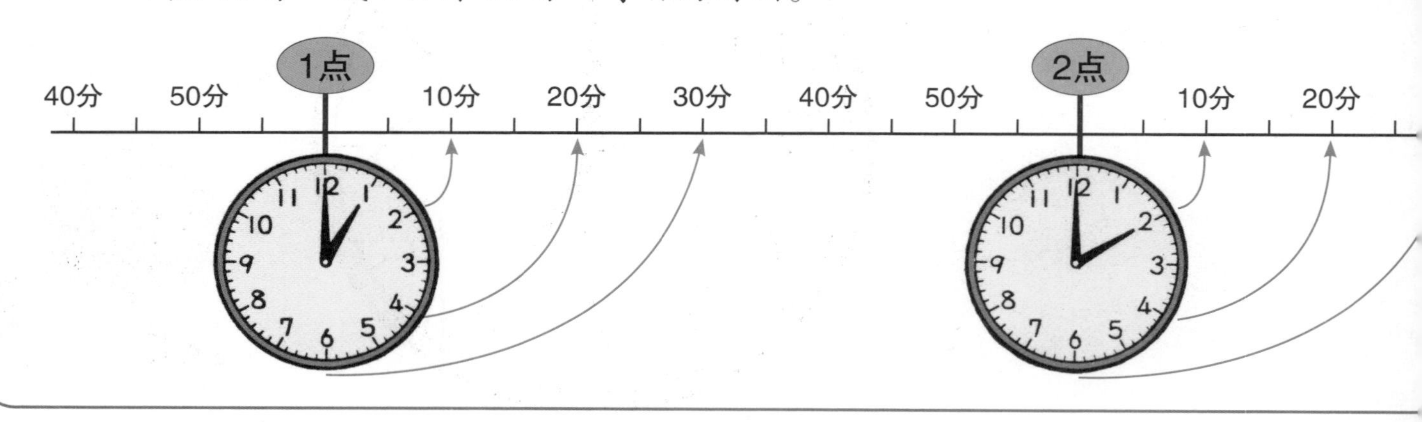

1日有多少个小时？

从晚上12点开始，经过12小时，到中午的12点称为上午；从中午12点开始，经过12小时，到晚上的12点称为下午。上午的12小时和下午的12小时合起来等于24小时，正好是1日（天）。

短针转1圈是12小时。

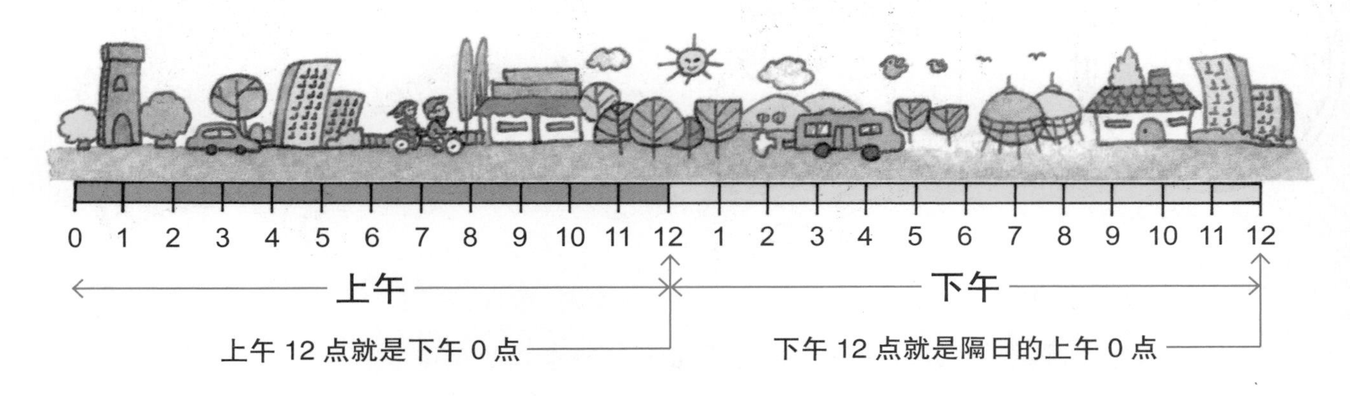

1日＝24小时

②时刻与时刻之间称为时长，也叫时间。如1点到2点是1个小时的时间。

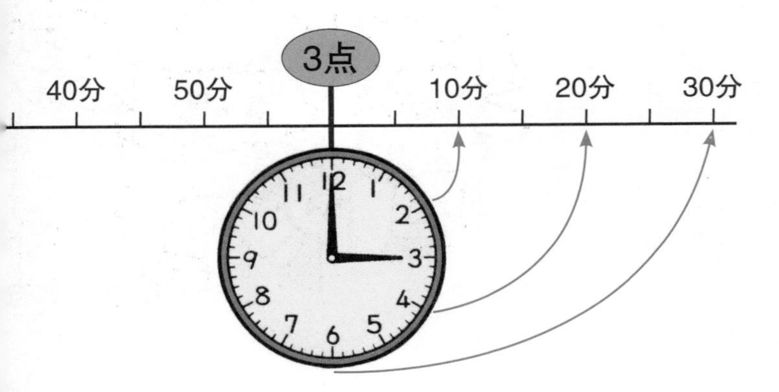

整　理

（1）长针转1小格是1分钟，短针转1大格是1小时。

（2）长针转1圈就是1小时。短针转1圈是12小时。

（3）1天分成上午的12小时和下午的12小时。1天有24小时。

巩固与拓展

整　理

1. 时刻和时间

（1）小明 8 点从家里出发去上学，到学校时是 8 点 20 分。

（2）从家里到学校，小明一共花了 20 分钟。

试一试，来做题。

1. 春节时，小英和家人回家乡探望爷爷和奶奶。

看看图，答一答。

2. 1 小时有 60 分钟。

钟表长针移动 1 格的时间是 1 分钟。

长针移动 1 圈的时间是 1 小时。

1 小时 =60 分。

3. 1 天有 24 小时。

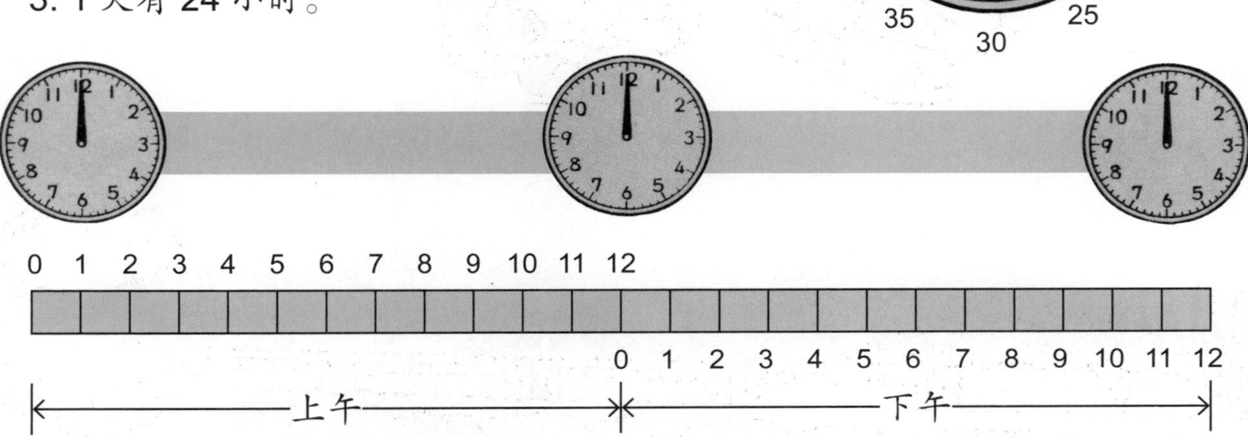

半夜的 12 点到正午 12 点，叫作上午。

正午的 12 点到半夜 12 点，叫作下午。

1 天分为上午和下午，共有 24 小时。

①小英全家人在 ______ 点 ______ 分 从家里出发去车站。

答案：1. ① 9 点 5 分。

②火车的开车时刻是 9 点 25 分。

在钟表上画出长针和短针的位置。

③远处可以看到太行山。在□里填上时间。

点　　分

④上午 11 点 45 分到下午 12 点 20 分是吃午饭的时间。

他们吃午饭一共花了多少分钟？

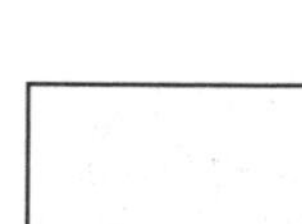

分钟

答案：②  ；③ 10 点 12 分；④ 35。

⑤ 点 分 到达车站。

⑥坐上汽车的时刻是 1 点 45 分，下车的时刻是 2 点 5 分。坐汽车一共花了多少分钟？

分钟

答案：⑤ 1 点 35 分；⑥ 20。

加强练习

1. 现在是 3 点 5 分，再过 1 小时 30 分是几点几分？
45 分钟以前又是几点几分？
在图上画出长针和短针的位置。

①（1 小时 30 分钟后）

②（45 分钟以前）

2. 填一填，⬆所指的时刻是上午或下午的什么时候。

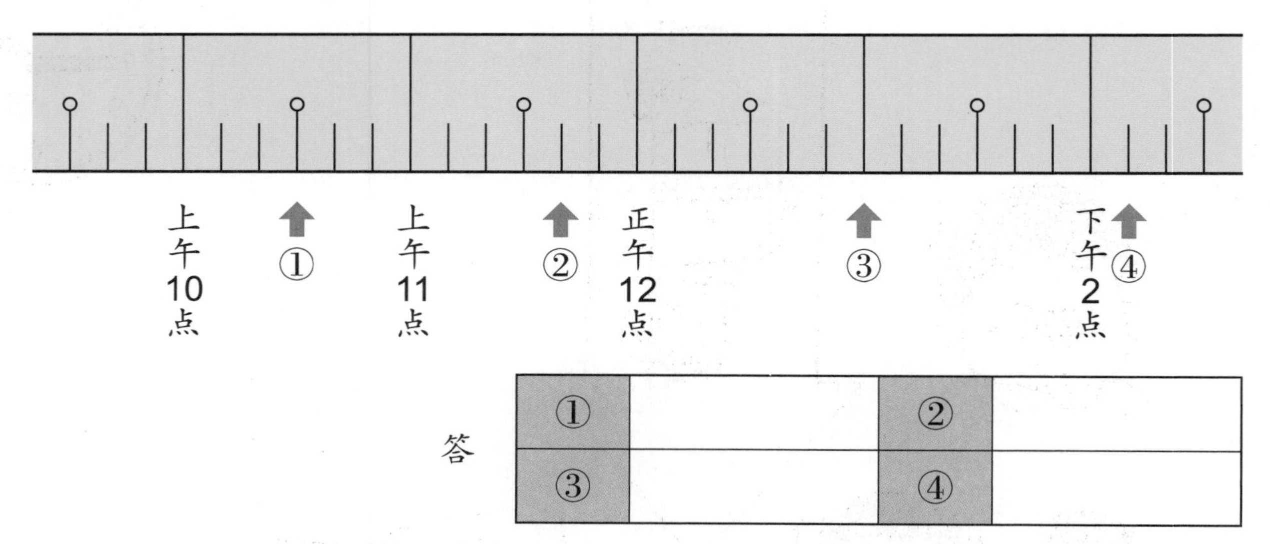

答

①		②	
③		④	

解答和说明

1. ①

②

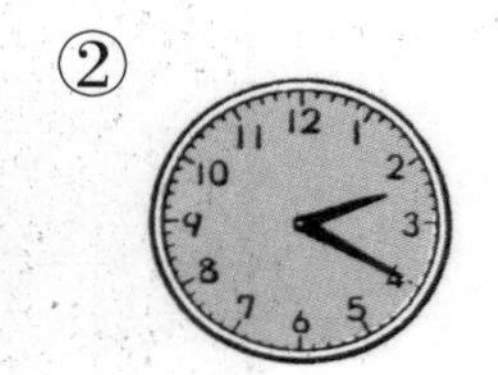

2. 每 1 格等于 10 分钟。
①上午 10 点 30 分；
②上午 11 点 40 分；
③下午 1 点；
④下午 2 点 10 分。

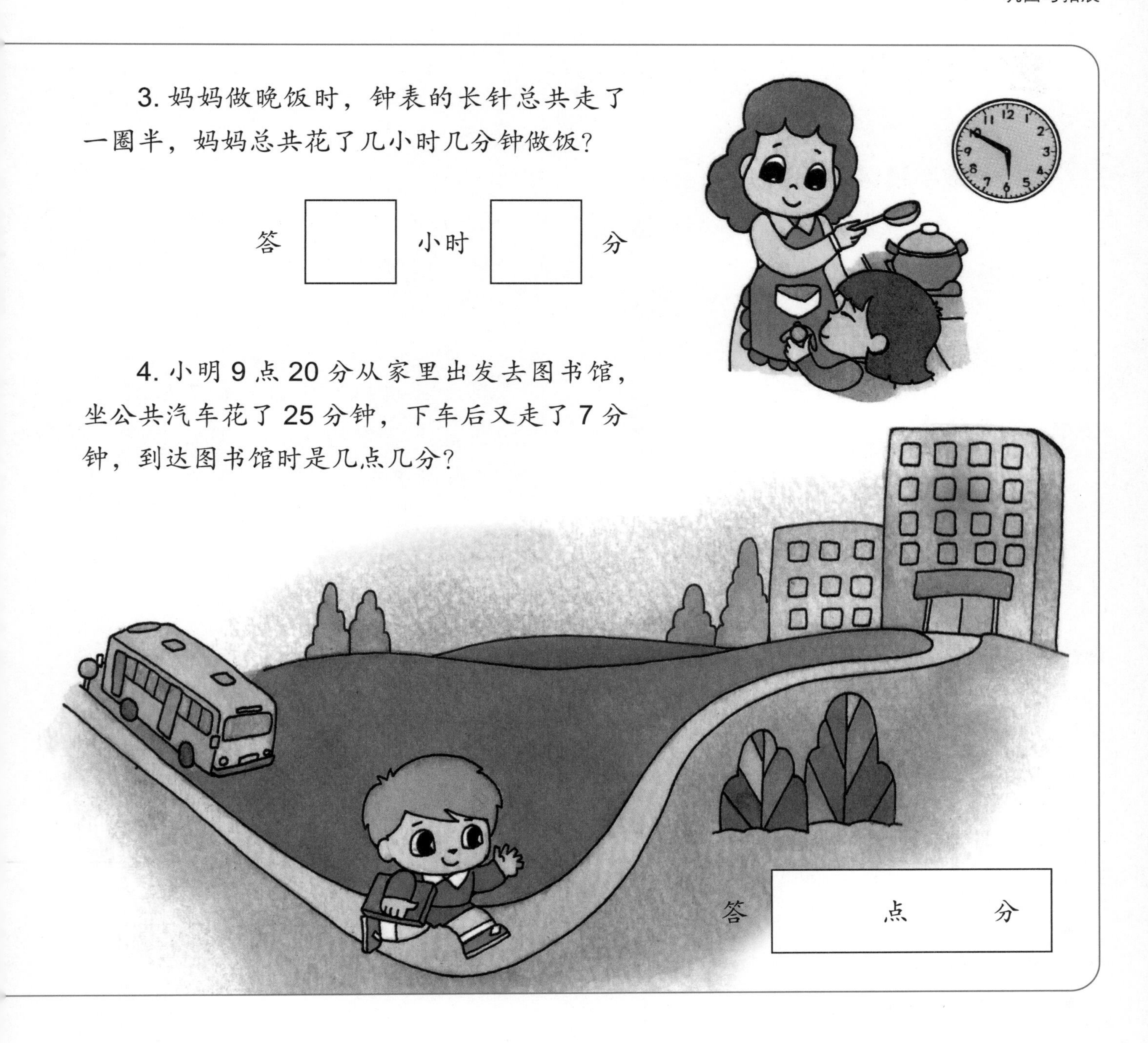

3. 妈妈做晚饭时，钟表的长针总共走了一圈半，妈妈总共花了几小时几分钟做饭？

答 □ 小时 □ 分

4. 小明 9 点 20 分从家里出发去图书馆，坐公共汽车花了 25 分钟，下车后又走了 7 分钟，到达图书馆时是几点几分？

答 　点　分

3. 长针每移动 1 圈就等于过了 1 小时。所以，长针移动了 1 圈半就是过了 1 小时 30 分。

答：1 小时 30 分。

4. 坐公共汽车和走路的全部时间是 25+7=32，一共花了 32 分钟。到达图书馆的时间是出发时间 9 点 20 分再加上 32 分，20+32=52。

答：9 点 52 分。

图形的智慧之源

时钟的数字猜谜

现在我们要玩一种神奇的时钟数字猜谜游戏。

◆ 准备的东西

时钟的数字圆盘一个，或用硬纸板自己做一个也可以。

◆ 玩法

朋友先想好一个从 1 到 12 的数字。不可以把这个数字告诉任何人。

猜（数字）的人一定要从 7 点开始，按照逆时针方向（也就是箭头所指的方向）的顺序一个一个数字地指。

每指一次，朋友先想好的数字就要加 1。比如，朋友先想好的数字是 8，那么，指第一次时（就是指 7）是 8+1=9，指第二次时（就是指 6）是 9+1=10，依此类推（朋友在心中默想，不可讲出来）。当数字加到 20 的时候，朋友就会喊“停”。这个时候，猜的人所指的数字一定 8。

◆ 揭穿秘密

猜的人一定要从 7 点开始，而且要按照逆时针方向的顺序一个一个数字地指。

请看一看下面的图。

朋友所想的数字 8，如果加上所指圆盘上数字的次数，那么刚好等于圆盘外面所写的数字 20。

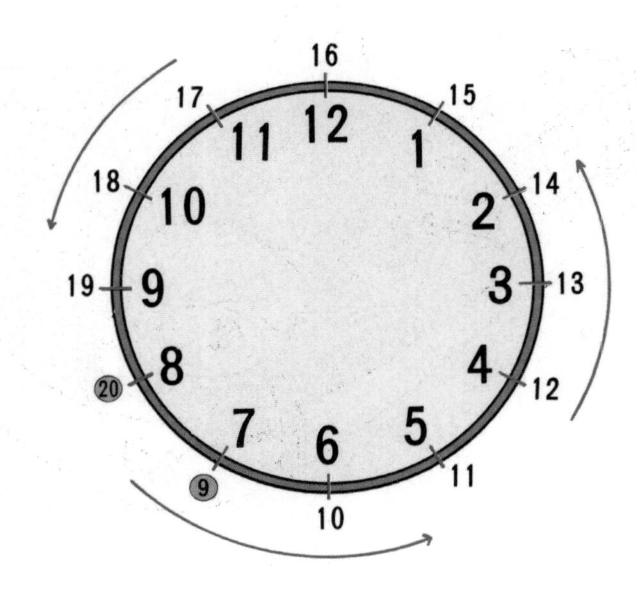

◆ 记一记，想一想

1. 你成功了几次，就在这儿画几个★吧。

2. 你觉得这个游戏可以做哪些变化呢？

步印童书馆 编著

北京市数学特级教师 丁益祥
北京市数学特级教师 司梁
『卢说数学』主理人 卢声怡
联袂力荐

小牛顿数学分级读物

第二阶 2 乘法基础

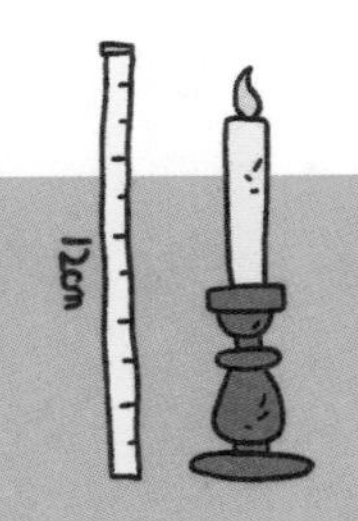

中国儿童的数学分级读物
培养有创造力的数学思维

讲透原理 → 系统进阶 → 思维转换

電子工業出版社
Publishing House of Electronics Industry
北京·BEIJING

图书在版编目（CIP）数据

小牛顿数学分级读物. 第二阶. 2, 乘法基础 / 步印童书馆编著. -- 北京 : 电子工业出版社, 2024.6

ISBN 978-7-121-47627-3

Ⅰ. ①小… Ⅱ. ①步… Ⅲ. ①数学 - 少儿读物 Ⅳ. ①O1-49

中国国家版本馆CIP数据核字(2024)第068796号

特别鸣谢本书组稿策划人郑利强先生。

责任编辑：赵　妍　季　萌
印　　刷：当纳利（广东）印务有限公司
装　　订：当纳利（广东）印务有限公司
出版发行：电子工业出版社
　　　　　北京市海淀区万寿路173信箱　邮编：100036
开　　本：889×1194　1/16　印张：12　字数：242.4千字
版　　次：2024年6月第1版
印　　次：2024年6月第1次印刷
定　　价：80.00元（全4册）

凡所购买电子工业出版社图书有缺损问题，请向购买书店调换。若书店售缺，请与本社发行部联系，联系及邮购电话：（010）88254888，88258888。

质量投诉请发邮件至zlts@phei.com.cn，盗版侵权举报请发邮件至dbqq@phei.com.cn。

本书咨询联系方式：（010）88254161转1860，jimeng@phei.com.cn。

目录

乘法基础

大小的倍数比较

看！一座由铁架构成的铁桥正在建设。

第二天，铁桥长度的 2 等分是第一天的铁桥长度。如果以第一天的铁桥长度为 1 个单位，那么，第二天铁桥长度就是 2 个单位，也叫 2 倍。完整地说，第二天的铁桥长是第一天铁桥长度的 2 倍。

第三天的铁桥长度有 3 个铁架，所以第三天的铁桥长度是第一天的铁桥长度的 3 倍。

学习重点

①了解倍数的意义。
②“×”记号的使用方法。

照镜子就变成2倍了。

◆ 把原来的数变成2倍吧!

是原来的几倍？

这里就是通往“3倍国”的入口哦！

我想使我的苹果变得更多！

我想让果汁变得更多！

我越来越短了，所以我想变长一点儿。

多少倍？

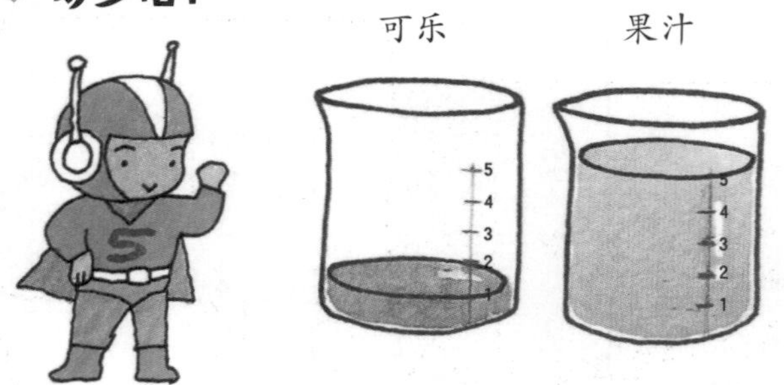

将果汁刻度5等分，每一份正好是可乐的刻度，所以果汁的量是可乐的量的5倍。

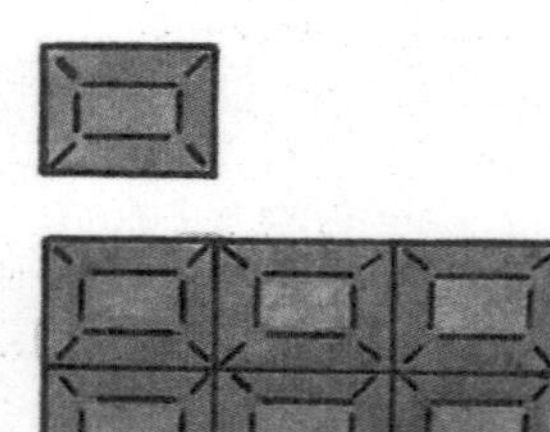

将大巧克力6等分，每一份正好是那一块小巧克力，所以大巧克力是小巧克力的6倍。

※ 它们都是原来的多少倍呢？

- 铅笔　　原来长度的 3 倍。
- 果汁　　原来刻度的 3 倍。
- 苹果　　2 个变成 6 个。
- 扑克牌　2 变成 6。

每一个都变成了原来的 3 倍。

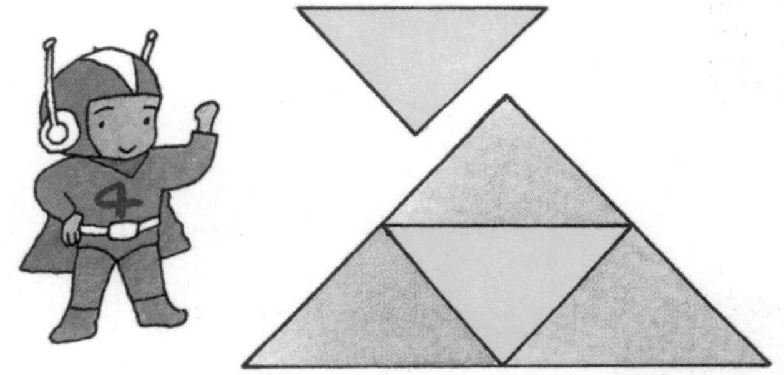

将大三角形 4 等分，大三角形相当于 4 个小三角形，所以大三角形是小三角形的 4 倍。

10 个 1 角是 1 元，所以 1 元是 1 角的 10 倍。

乘法的算式

这就是乘法的符号，用于乘法计算。

写一写 2 倍的算式。

→ 算式 2×2

原来的数 2 倍

答案：2×2=4

→ 算式 3×2

原来的数 2 倍

答案：3×2=6

→ 算式 4×2

原来的数 2 倍

答案：4×2=8

像 2×2、3×2 这样的算式就称为乘法。

表示倍数时，可以使用“×”。
2 倍的时候写作：×2；
3 倍的时候写作：×3。

◆ **游行的行列有多少人？**

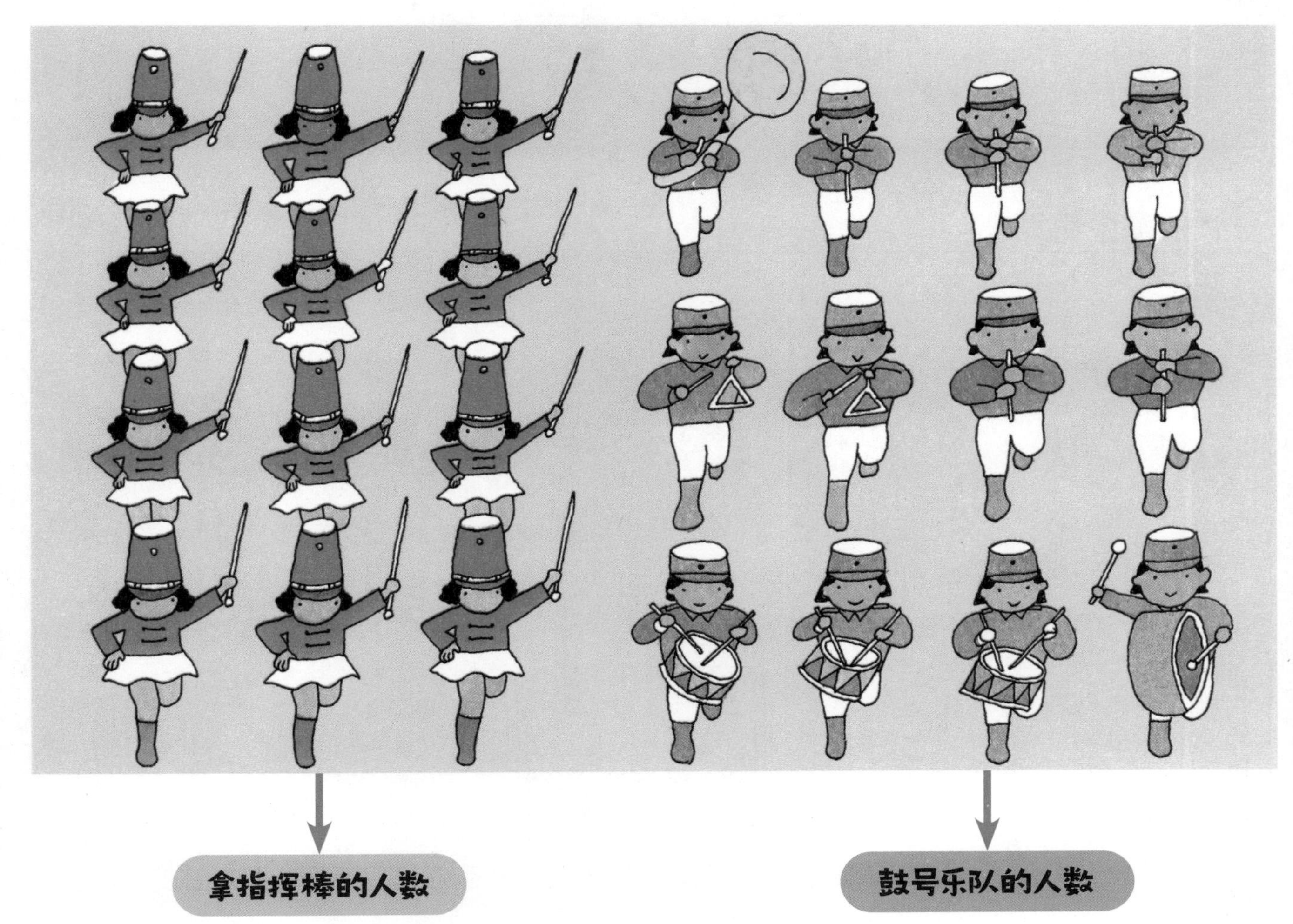

拿指挥棒的人数

1 行有 3 个人，一共有 4 行，所以拿指挥棒的人数是 3 的 4 倍。

$$3\times4=12$$

求总人数也可以用加法，所以可以用加法验算：

$$3+3+3+3=12$$

第1行　第2行　第3行　第4行

鼓号乐队的人数

1 行有 4 个人。

一共有 3 行，所以鼓号乐队的人数是 4 的 3 倍。

$$4\times3=12$$

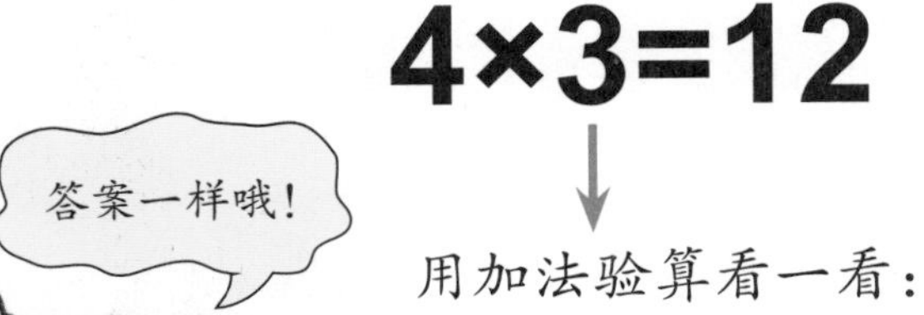

用加法验算看一看：

$$4+4+4=12$$

第1行　第2行　第3行

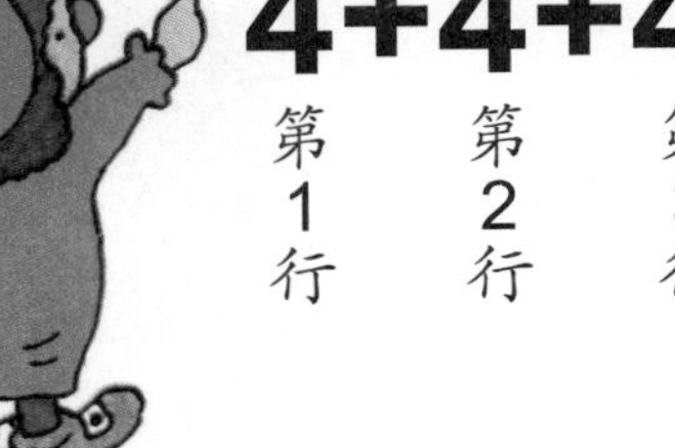

乘法口诀表

2的多少倍？

1条金鱼有2只眼睛，算一算，下图中金鱼的眼睛一共有多少只？

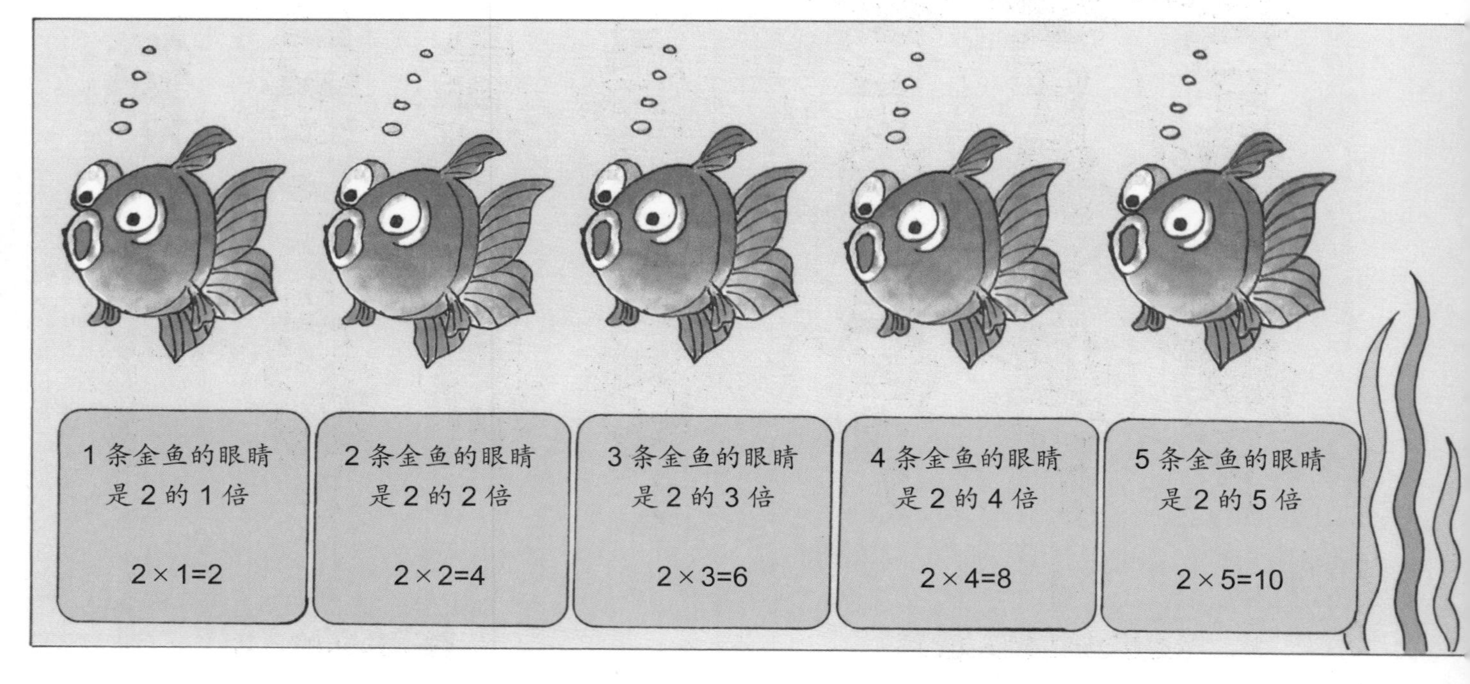

◆ 一共有7条金鱼，1条金鱼有2只眼睛：

2×7=14

金鱼的眼睛一共有**14**只。

用加法一个几一个几地加，验证一下答案是不是正确呢？

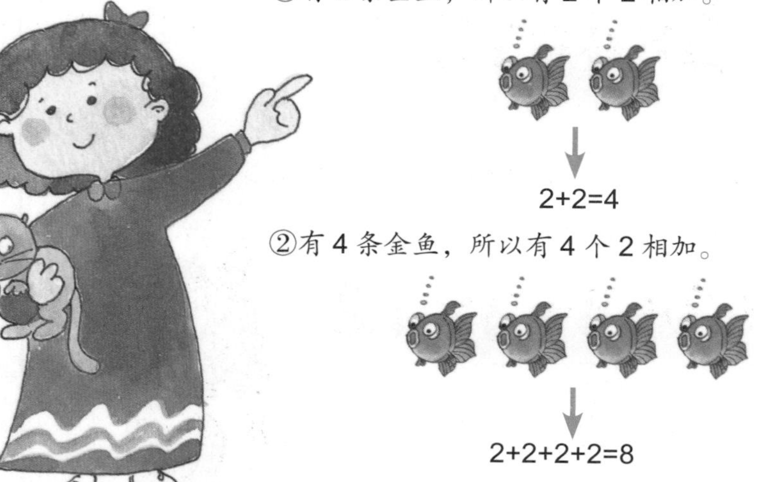

用加法验证

①有2条金鱼，所以有2个2相加。

2+2=4

②有4条金鱼，所以有4个2相加。

2+2+2+2=8

学习重点

①什么是乘法？
②要熟记乘法口诀表。

③有 5 条金鱼，所以有 5 个 2 相加。

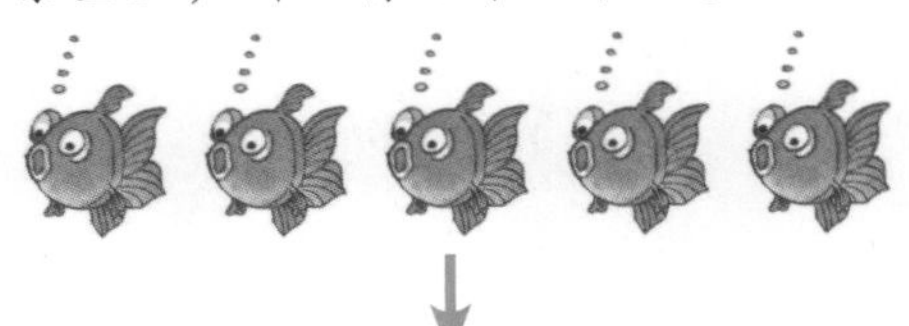

2+2+2+2+2=10

④有 7 条金鱼，所以有 7 个 2 相加。

2+2+2+2+2+2+2=14

2 的乘法口诀

2 的乘法口诀是指 2 的多少倍是多少的口诀。

大声念一遍，再把它背下来。

1×2=2　一二得　二
2×2=4　二二得　四
2×3=6　二三得　六
2×4=8　二四得　八
2×5=10　二五　一十
2×6=12　二六　十二
2×7=14　二七　十四
2×8=16　二八　十六
2×9=18　二九　十八

※ 你能看出哪些藏在 2 的乘法口诀中的秘密？

①每两个得数之间相差 2。

0　2　4　6　8　10　12　14　16　18

②按 2 倍、3 倍等顺序加倍，也就是 2+2、2+2+2……

◉ 5的多少倍？

全部有多少人要参加游泳比赛？

第7组　第6组　第5组　第4组　第3组　第2组

◆ 每一组有5个人，一共有7组，就是7个5。

5×7=35

所以，参加游泳比赛的人一共有：

35人。

求证看一看

①2组的话，那么有2个5相加。

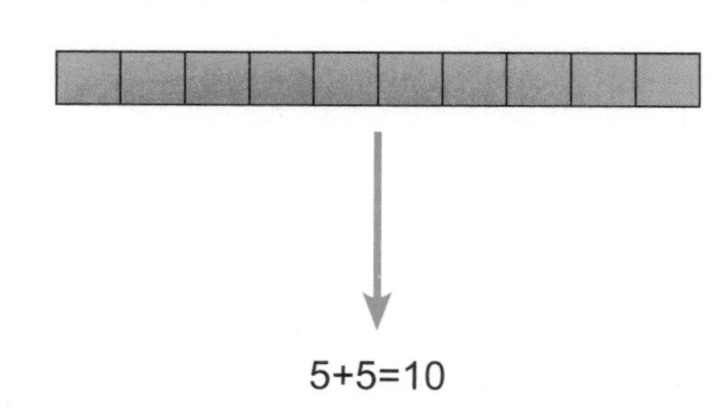

5+5=10

②3组的话，那么有3个5相加。

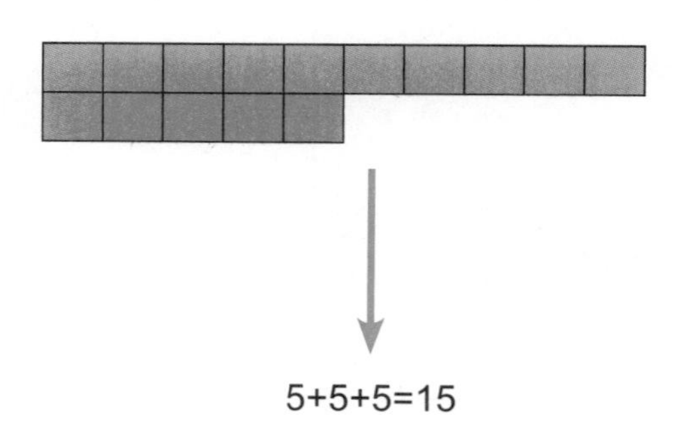

5+5+5=15

③5组的话，那么有5个5相加。

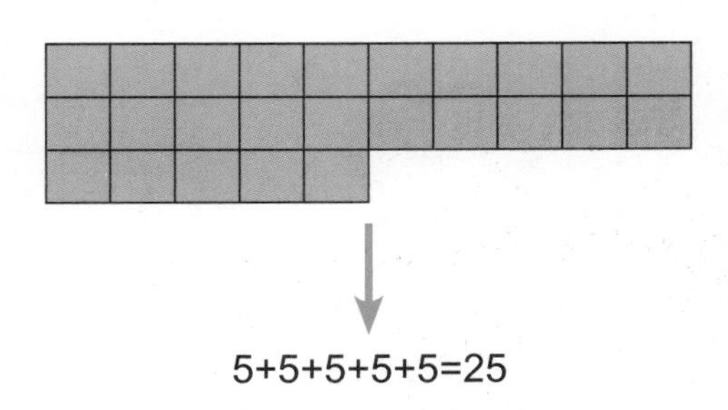

5+5+5+5+5=25

④7组的话，那么有7个5相加。

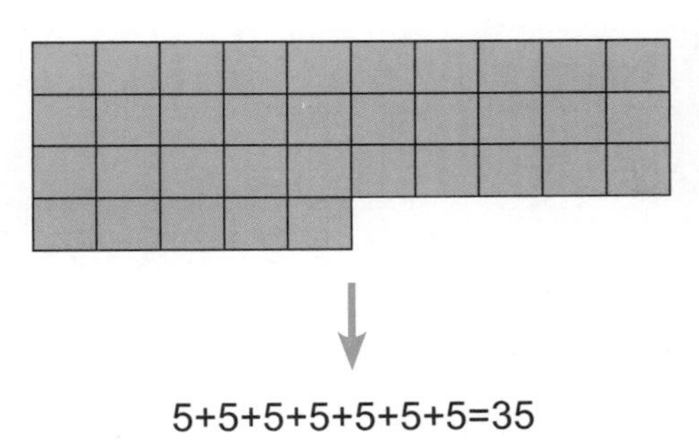

5+5+5+5+5+5+5=35

5的乘法口诀

◆ 大声念一遍，然后把它背下来。

1×5=5	一五得	五
2×5=10	二五	一十
3×5=15	三五	十五
4×5=20	四五	二十
5×5=25	五五	二十五
5×6=30	五六	三十
5×7=35	五七	三十五
5×8=40	五八	四十
5×9=45	五九	四十五

※ 5的乘法口诀中藏着哪些规律呢？

①每两个数之间相差5。

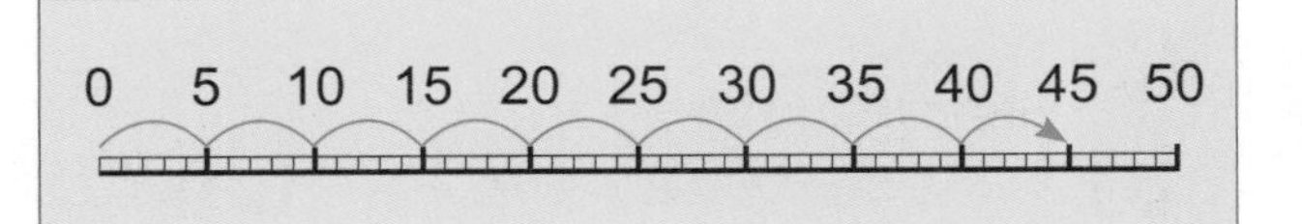

②结果是5、10、15、20……很容易记住哦！

③这些得数对我们看钟面分钟数也很有用哦。

3 的多少倍？

一共有多少个灯笼在空中飘动？

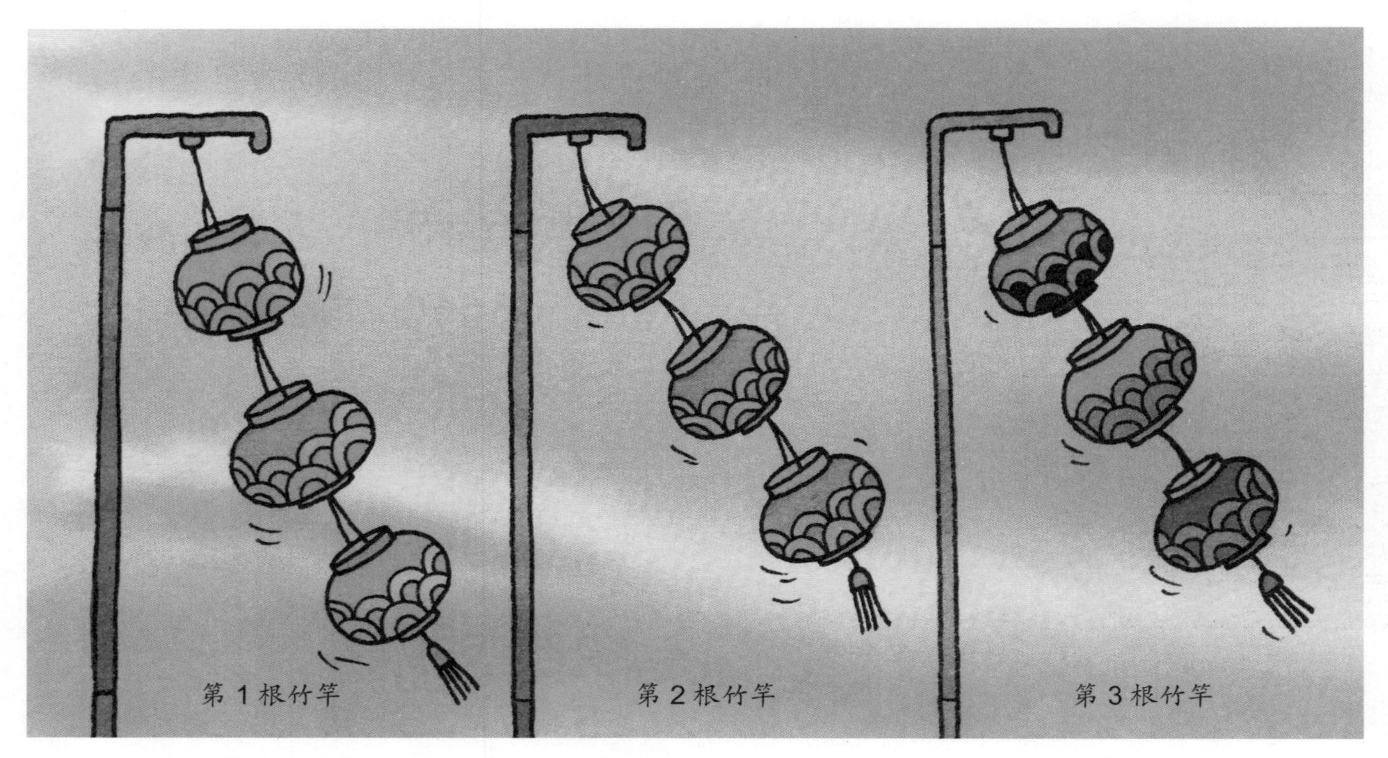

1 根竹竿上的灯笼是：3 的 1 倍	2 根竹竿上的灯笼是：3 的 2 倍，也就是 2 个 3	3 根竹竿上的灯笼是：3 的 3 倍，也就是 3 个 3
3×1=3	**3×2=6**	**3×3=9**

◆ 灯笼共绑在 6 根竹竿上。

3×6=18，共 **18** 个。

求证看一看

①有 2 根竹竿，那么 3 个灯笼有 2 组，如下图：

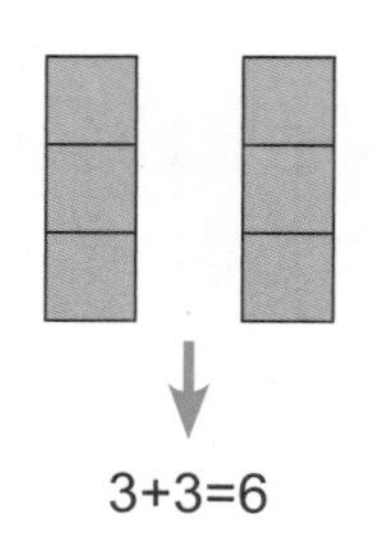

3+3=6

②有 6 根竹竿，那么 3 个灯笼有 6 组，如下图：

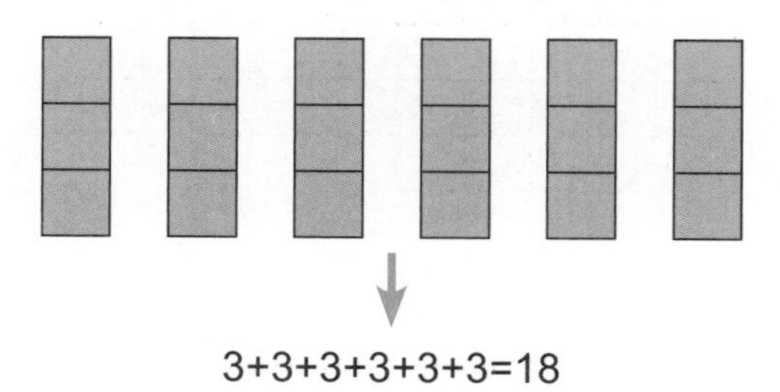

3+3+3+3+3+3=18

※ 看图想一想，如右图所示，5×3的结果为什么和3×5的结果相同？

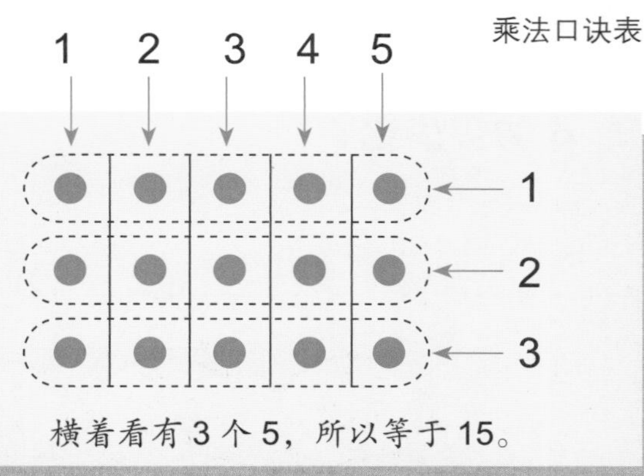

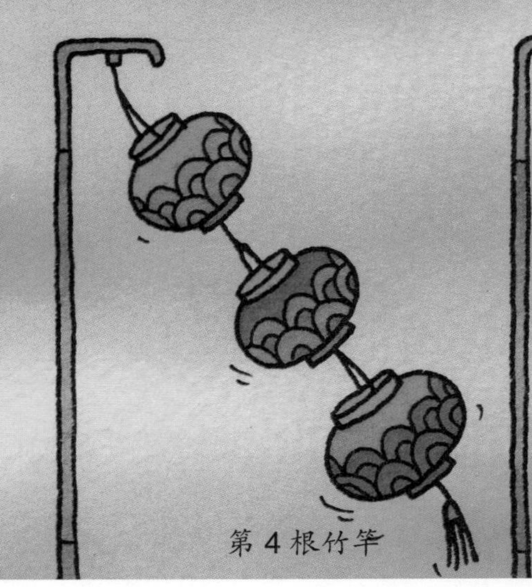

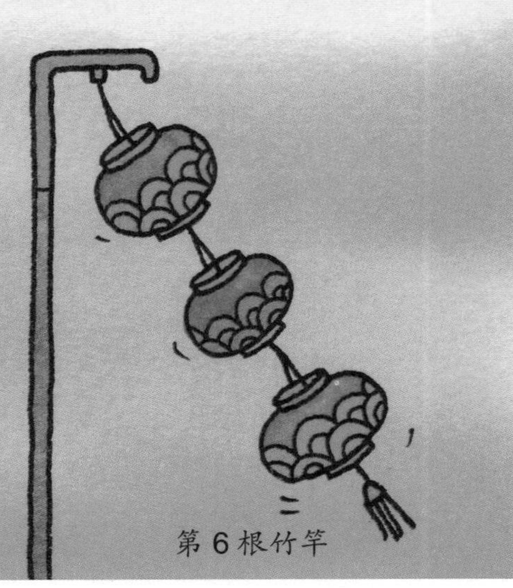

4根竹竿上的灯笼是：3的4倍，也就是4个3

3×4=12

5根竹竿上的灯笼是：3的5倍，也就是5个3

3×5=15

6根竹竿上的灯笼是：3的6倍，也就是6个3

3×6=18

3的乘法口诀

◆ 大声念一遍，再把它背下来。

1×3=3	一三得	三
2×3=6	二三得	六
3×3=9	三三得	九
3×4=12	三四	十二
3×5=15	三五	十五
3×6=18	三六	十八
3×7=21	三七	二十一
3×8=24	三八	二十四
3×9=27	三九	二十七

4 的多少倍？

一共有多少个橘子？

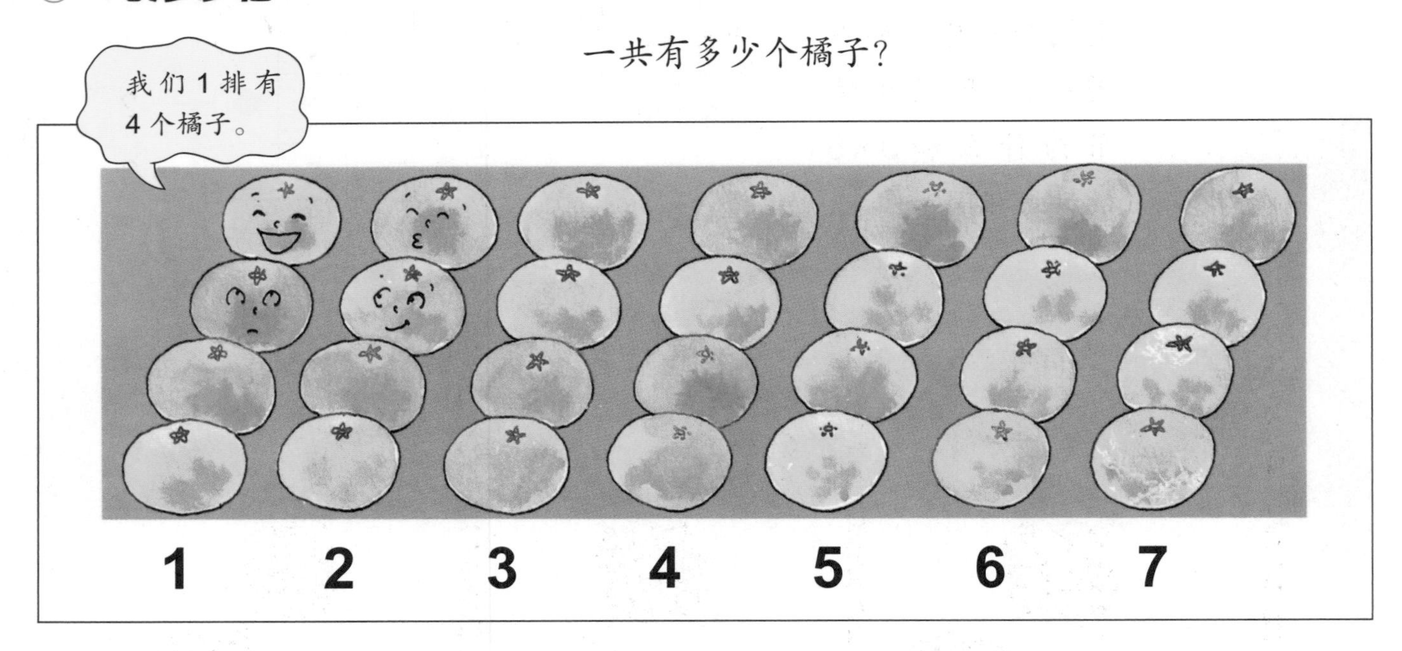

◆ 4 个 1 排，共有 7 排。所以 4 的 7 倍是：

$$4\times7=28$$

一共有 **28** 个橘子。

求证看一看

把 4 相加 7 次，得到 28。

4+4+4+4+4+4+4=28

这样很容易弄错，计算起来也很不方便。

乘法口诀就是为了节省计算时间并得出正确结果而设计的，必须又对又快地背下来。

4 的乘法口诀

$1\times4=4$	一四得	四
$2\times4=8$	二四得	八
$3\times4=12$	三四	十二
$4\times4=16$	四四	十六
$4\times5=20$	四五	二十
$4\times6=24$	四六	二十四
$4\times7=28$	四七	二十八
$4\times8=32$	四八	三十二
$4\times9=36$	四九	三十六

6 的多少倍？

每艘船上坐 6 个人，那么 5 艘船一共坐了多少人？

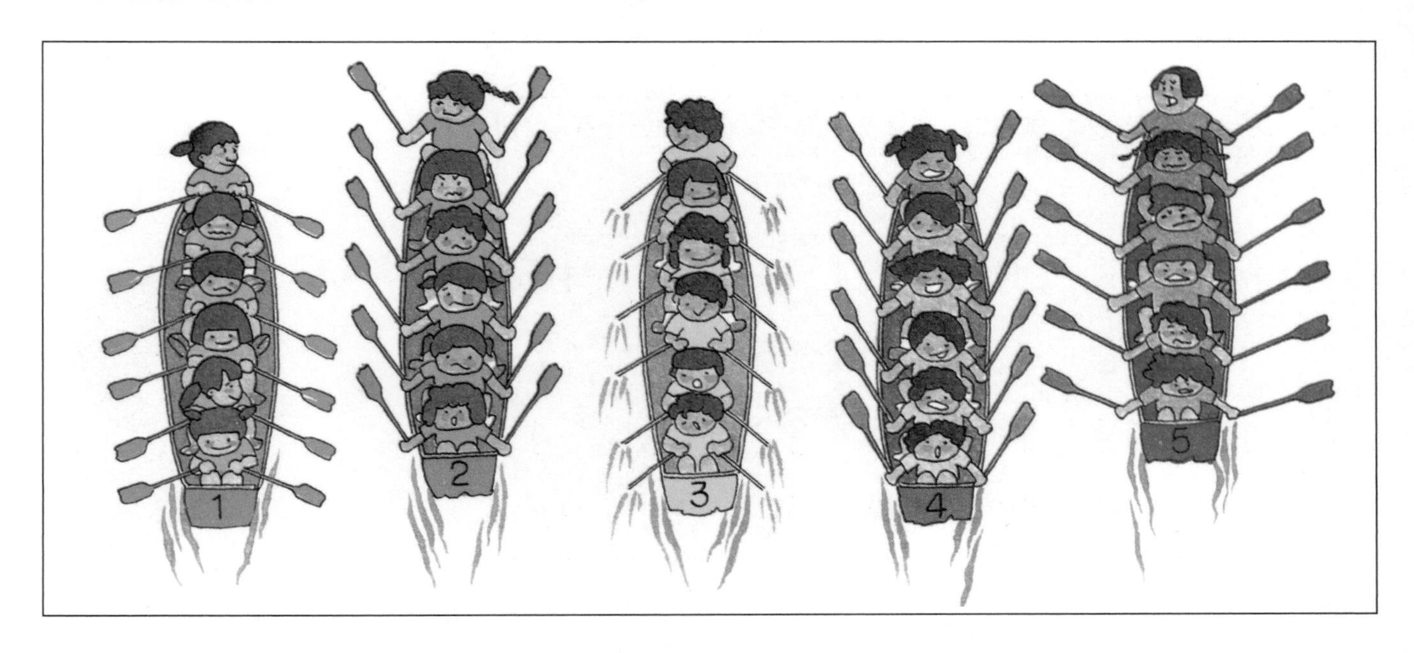

◆ 6 个人坐一艘船，有 5 艘船，就是 5 个 6，所以 6 的 5 倍为：

$$6\times5=30$$

一共坐 **30** 个人。

● 如果再增加 1 艘船，那么，船上一共有多少人？

增加 1 艘船就是增加 6 个人，所以 30+6=36。

用乘法来计算，一共有 6 艘船，所以 $6\times6=36$，一共有 36 人。

6 的乘法口诀

$1\times6=6$	一六得	六
$2\times6=12$	二六	十二
$3\times6=18$	三六	十八
$4\times6=24$	四六	二十四
$5\times6=30$	五六	三十
$6\times6=36$	六六	三十六
$6\times7=42$	六七	四十二
$6\times8=48$	六八	四十八
$6\times9=54$	六九	五十四

7 的多少倍？

3 个星期一共有多少天？

星期日	星期一	星期二	星期三	星期四	星期五	星期六
				1	2	3
4	5	6	7	8	9	10
11	12	13	14	15	16	17
18	19	20	21	22	23	24
25	26	27	28	29	30	31

1 个星期

◆ 1 个星期有 7 天，3 个星期就是有 3 个 7 天，相当于 7 的 3 倍。

$$7\times3=21$$

一共有 **21** 天。

求证看一看

星期日	星期一	星期二	星期三	星期四	星期五	星期六
1	2	3	4	5	6	7
8	9	10	11	12	13	14
15	16	17	18	19	20	21

7 的乘法口诀

$1\times7=7$	一七得	七
$2\times7=14$	二七	十四
$3\times7=21$	三七	二十一
$4\times7=28$	四七	二十八
$5\times7=35$	五七	三十五
$6\times7=42$	六七	四十二
$7\times7=49$	七七	四十九
$7\times8=56$	七八	五十六
$7\times9=63$	七九	六十三

◉ 8 的多少倍？

一共有多少本书？

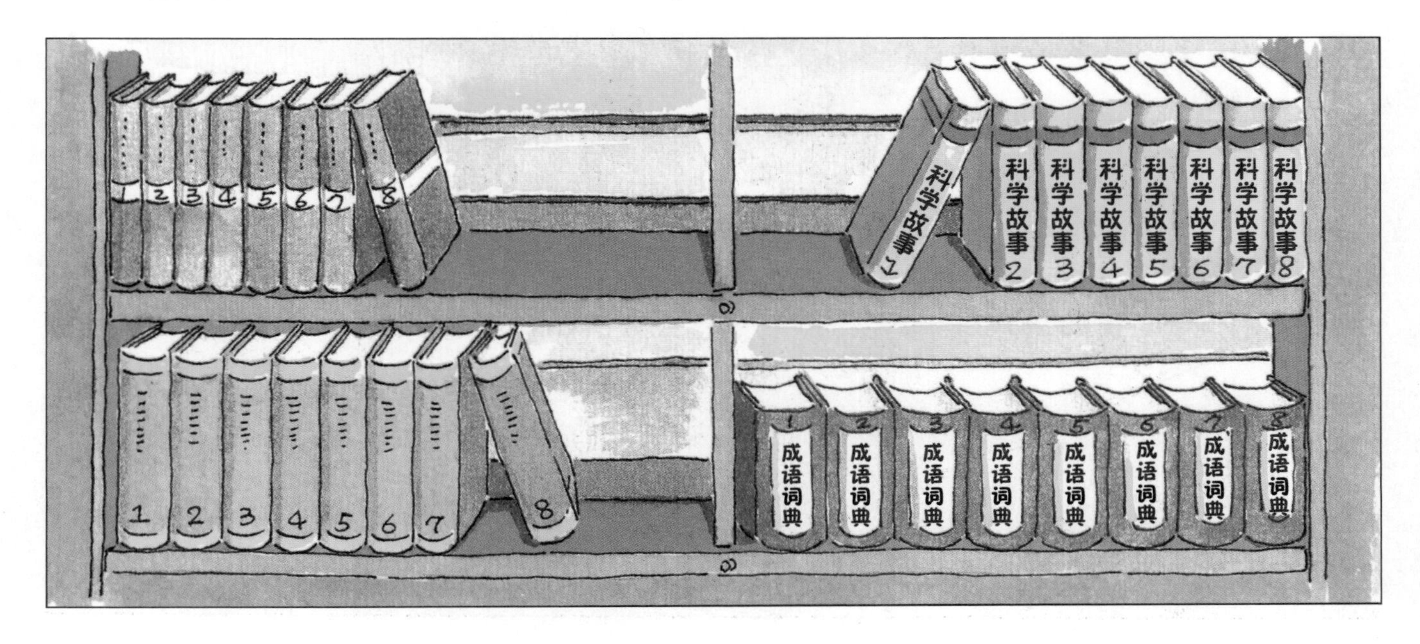

◆ 1 套书有 8 本，有 4 套这样的书，就有 4 个 8 本，相当于 8 的 4 倍。

8×4=32

一共有 **32** 本书。

求证看一看

① 8 本一套的书有 2 套的话：
8+8=16

② 8 本一套的书有 3 套的话：
16+8=24

③ 8 本一套的书有 4 套的话：
24+8=32
（8+8+8+8=32 → 8×4=32）

8 的乘法口诀

1×8=8	一八得	八
2×8=16	二八	十六
3×8=24	三八	二十四
4×8=32	四八	三十二
5×8=40	五八	四十
6×8=48	六八	四十八
7×8=56	七八	五十六
8×8=64	八八	六十四
8×9=72	八九	七十二

9 的多少倍？

1 支棒球队有 9 名球员，5 支棒球队一共有多少名球员？

◆ 1 支队有 9 名球员，5 支队的球员人数是 5 个 9，算式是：

$$9\times5=45$$

一共有 **45** 名球员。

求证看看

5 支棒球队中，投手共有 5 名，一垒手共有 5 名，2 垒手共有 5 名……

一共有 9 种球员角色，人数都是 5 名，相当于有 9 个 5，所以可用 5×9=45 来验算。

9 的乘法口诀

1×9=9	一九得	九
2×9=18	二九	十八
3×9=27	三九	二十七
4×9=36	四九	三十六
5×9=45	五九	四十五
6×9=54	六九	五十四
7×9=63	七九	六十三
8×9=72	八九	七十二
9×9=81	九九	八十一

1的多少倍？

每1个花盆里种植1朵郁金香，如果要种植9个花盆，需要多少朵郁金香？

◆ 在这一题中，有1朵郁金香，就有1个花盆；有5朵郁金香，就有5个花盆……写作乘法为：1×5=5，花盆一共有5个。也就是说，花盆的个数和郁金香的朵数相同。

1的乘法口诀

1×1=1	一一得	一
1×2=2	一二得	二
1×3=3	一三得	三
1×4=4	一四得	四
1×5=5	一五得	五
1×6=6	一六得	六
1×7=7	一七得	七
1×8=8	一八得	八
1×9=9	一九得	九

乘法口诀表

把乘法口诀表背下来吧！

	1	2	3	4	5	6	7	8	9
1	1	2	3	4	5	6	7	8	9
2	2	4	6	8	10	12	14	16	18
3	3	6	9	12	15	18	21	24	27
4	4	8	12	16	20	24	28	32	36
5	5	10	15	20	25	30	35	40	45
6	6	12	18	24	30	36	42	48	54
7	7	14	21	28	35	42	49	56	63
8	8	16	24	32	40	48	56	64	72
9	9	18	27	36	45	54	63	72	81

◆ 使用方法

两个乘数的箭头相交之处就是乘法的积。

$5 \times 3 = 15$

	1	2	3	4	5	6	7	8	9
1									
2									
3									
4									
5			15						
6									
7									
8									
9									

$8 \times 6 = 48$

	1	2	3	4	5	6	7	8	9
1									
2									
3									
4									
5									
6									
7									
8							48		
9									

数的智慧之源

猜猜骰子的点数

先请同伴摇一摇手中的骰子，然后自己用双手捂上眼睛。

同伴将掷出骰子朝上面的点数和相对面的点数相加，并记住这个和。

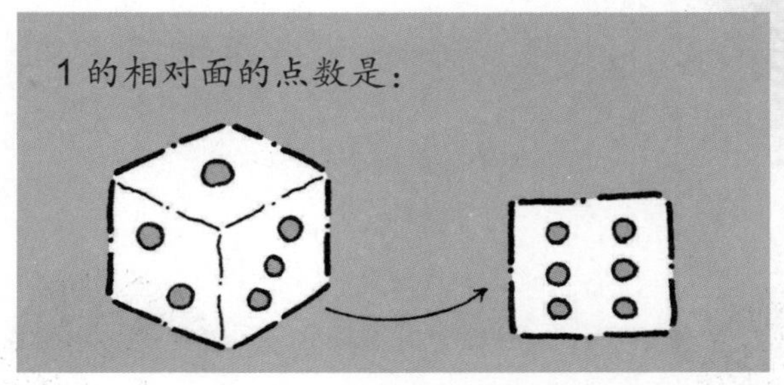

接着，睁开眼睛，再请同伴掷一次骰子。

你将这次掷出骰子朝上面的点数乘以同伴第一次掷骰子默记的和，报出结果。你还可以说出第一次掷骰子加起来的点数和。你的同伴甚至会佩服得五体投地！

※ 猜骰子点数的诀窍

无论骰子掷出的点数是多少，它和相对面的点数的和一定是7。

所以，将第二次掷出的点数乘以7，就可以马上说出结果了。

但是，只要多玩几次，你的同伴就会识破这个诀窍，你就必须再去找另一个人玩喽！

乘法的规律性

乘法有什么样的规律性呢？

1. 用数的阶梯来验算。

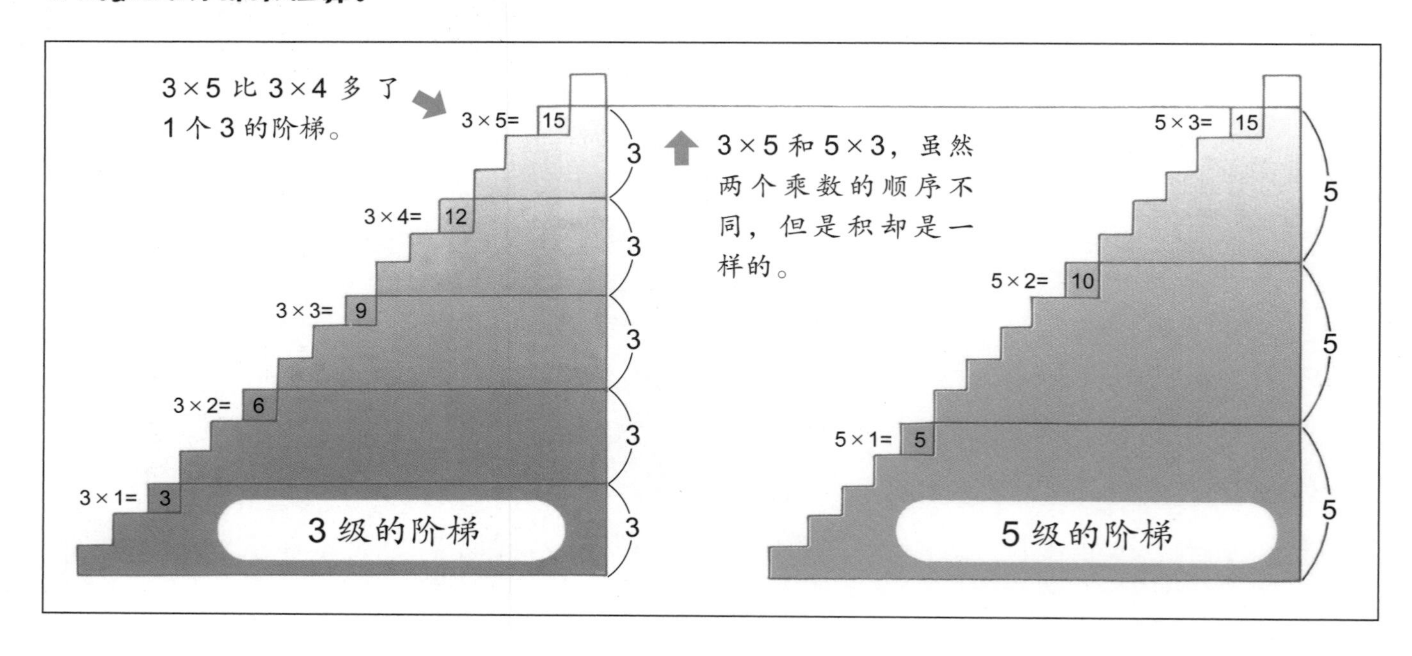

2.2 级阶梯和 4 级阶梯的乘法，有什么相同或不同的现象呢？

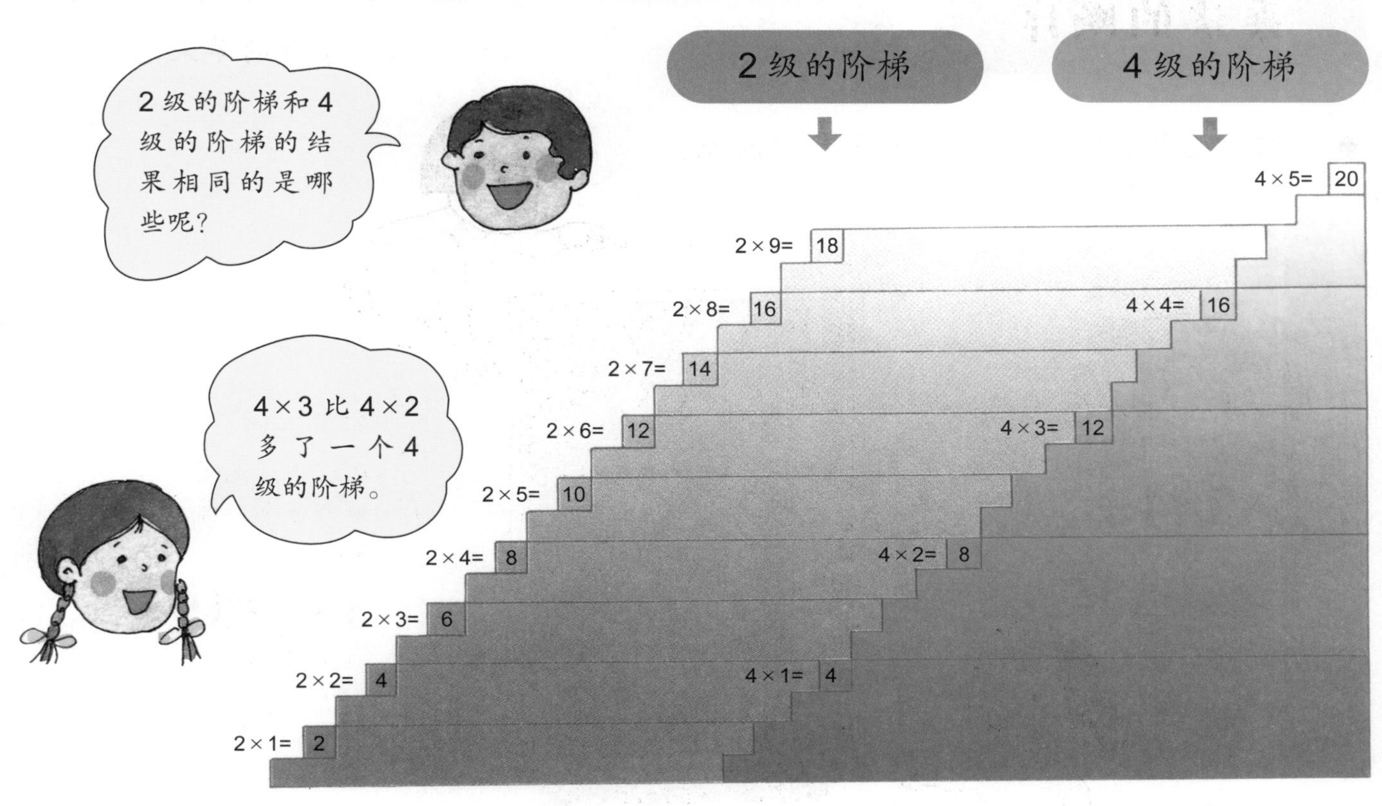

◆ 找一找，乘法口诀表中乘数交换位置，结果相同的算式有哪些？

1×1	1×2	1×3	1×4	1×5	1×6	1×7	1×8	1×9
2×1	2×2	2×3	2×4	2×5	2×6	2×7	2×8	2×9
3×1	3×2	3×3	3×4	3×5	3×6	3×7	3×8	3×9
4×1	4×2	4×3	4×4	4×5	4×6	4×7	4×8	4×9
5×1	5×2	5×3	5×4	5×5	5×6	5×7	5×8	5×9
6×1	6×2	6×3	6×4	6×5	6×6	6×7	6×8	6×9
7×1	7×2	7×3	7×4	7×5	7×6	7×7	7×8	7×9
8×1	8×2	8×3	8×4	8×5	8×6	8×7	8×8	8×9
9×1	9×2	9×3	9×4	9×5	9×6	9×7	9×8	9×9

乘法的顺序

用盒子里的苹果想一想。

◆ 为什么 3×5 和 5×3 的结果是一样的呢？

从这个方向看，竖排有 5 个，横排有 3 个，

5×3=15

一共 15 个。

从这个方向看，竖排有 3 个，横排有 5 个，

3×5=15

一共有 15 个。

两个小朋友回答的结果相同。也就是说，在乘法中，即使改变乘数的顺序，结果也不会改变。

5 × 3 = 3 × 5

※ 想一想

6

4

→ **6×4=24**

→ **4×6=24**

→ **6 × 4 = 4 × 6**

分开乘式

将苹果和橘子分开，算算看。

◆ 盒子里一共有多少个苹果和橘子？

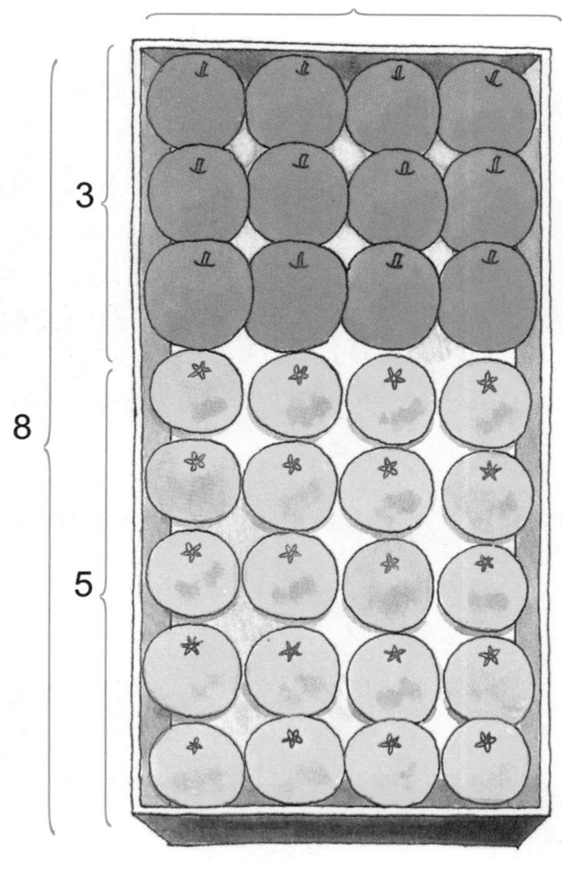

合起来算

8×4=32

一共有 32 个。

分开计算

苹果的个数：**3×4=12**

橘子的个数：**5×4=20**

12+20=32，一共有 32 个。把乘法分开来算，得到的结果也没有改变。

利用 3 的乘法口诀和 5 的乘法口诀，使它们合起来等于 8 的乘法口诀中的一个数。

3×4=12
5×4=20
8×4=32

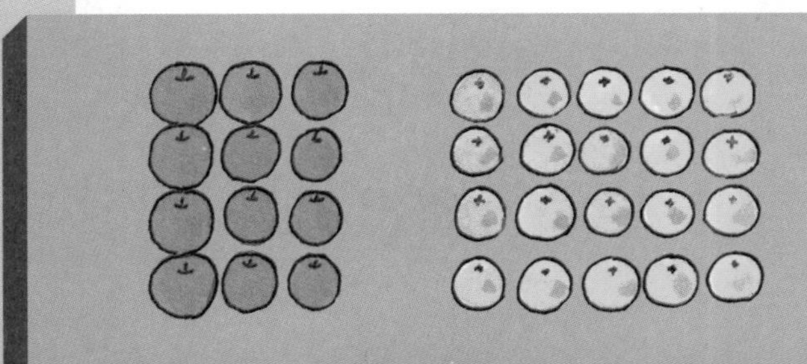

0的乘法

高速公路上和服务区中有很多辆不同颜色不同载货量的卡车。数一数，卡车上的货物一共有多少？

◆ 表格整理

比较行驶在公路上的和停在服务区中的卡车，哪种颜色的卡车的载货量相同？

		载货量	卡车数	货物量合计
行驶在公路上	黄色卡车	4	3	4×3
	红色卡车	3	1	3×1
	蓝色卡车	0	2	① 0×2
停在服务区中	黄色卡车	4	3	4×3
	红色卡车	3	0	② 3×0
	蓝色卡车	0	0	③ 0×0

※ **什么是 0？想一想。**

① 虽然有 2 辆蓝色卡车，但每一辆都没有载运货物，所以它的载货量是 0。

② 虽然红色卡车载有货物，但是它没有停在服务区中。所以在服务区中，红色卡车的载货量是 0。

③ 蓝色卡车没有载运货物，也没有停在服务区中。高速公路上和服务区中的蓝色卡车的载货量是 0。

◆ 利用算式计算每一种卡车的载货量。

动脑时间

摔坏了的时钟钟面

时钟钟面上的数字盘不小心被摔成了两半。

把摔成两半的钟面上的数字分别加起来，得到相同的和。

钟面被摔成哪两半呢？把钟面上的数全部加起来：

1+2+3+4……+12=78

因为钟面被摔成两半，所以一半钟面上的数字加起来应该是：78÷2=39。

10+11+12+1+2+3

=9+8+7+6+5+4=39

如果钟面被摔成了 3 片，每一片钟面上的数字之和都相等，那怎么办呢？

提示：

78÷3=26

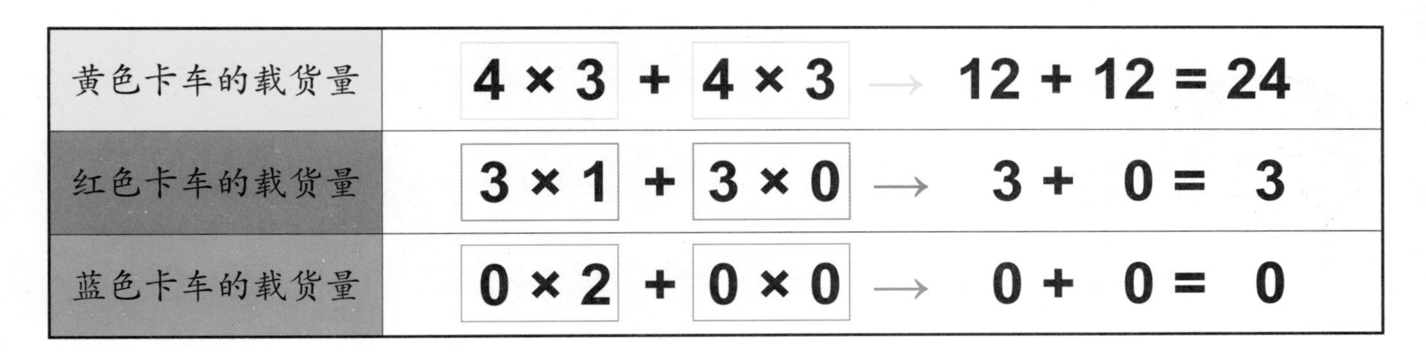

黄色卡车的载货量	4 × 3 + 4 × 3 → 12 + 12 = 24
红色卡车的载货量	3 × 1 + 3 × 0 → 3 + 0 = 3
蓝色卡车的载货量	0 × 2 + 0 × 0 → 0 + 0 = 0

数的智慧之源

魔术幻方

如下图所示，横排、竖排、斜排上的数加起来的和都相等的游戏，称为魔术幻方。

①三阶幻方

2	9	4
7	5	3
6	1	8

②四阶幻方

1	8	10	15
14	11	5	4
7	2	16	9
12	13	3	6

①图中，一排的数有3个，称为三阶幻方。②图中，一排的数有4个，称为四阶幻方。

一般的三阶幻方，是由1~9构成的，而1排的和，横排、竖排、斜排上的数字之和都是15。例如：

4+3+8=2+9+4=4+5+6=15

三阶幻方上的数，背诵方法如下："294、753和618。"

另外，一般的四阶幻方则由1~16构成。横排、竖排、斜排上的数字之和都是34。

将②的四阶幻方，验算看一看。
1+8+10+15=8+11+2+13
=1+11+16+6=34，它们的和都是34！

接着，再看一看其他一些有变化的幻方。现在把下列幻方每一排的数字加起来看一看。

46	42	15	1	29	14	28
48	23	34	9	20	39	2
3	40	32	17	26	10	47
7	13	19	25	31	37	43
5	38	24	33	18	12	45
44	11	16	41	30	27	6
22	8	35	49	21	36	4

这个魔术幻方里有三阶幻方、五阶幻方和七阶幻方呢！

◆ **如何做成三阶幻方和五阶幻方呢？**

(格外上方：2；格外右方：4)

		1		
	5			
4	6			
				3
			2	

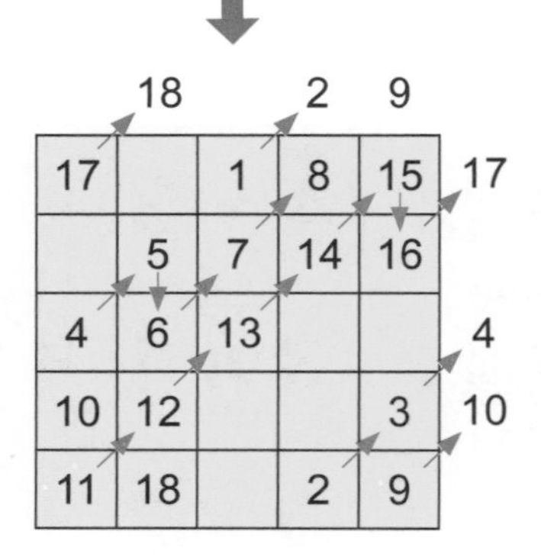

首先，在最上一排最中间写1。接着由1往上斜格出去，在格子外写2，然后将2降到同一排最下一格。

3也是写在2的斜上一格，但是4已经超出格外，所以将4左移到最旁边一格。

5写在4的斜上一格，但6会碰到1，所以写在5下面一格，然后再运用斜上一格的方法依次数下去。

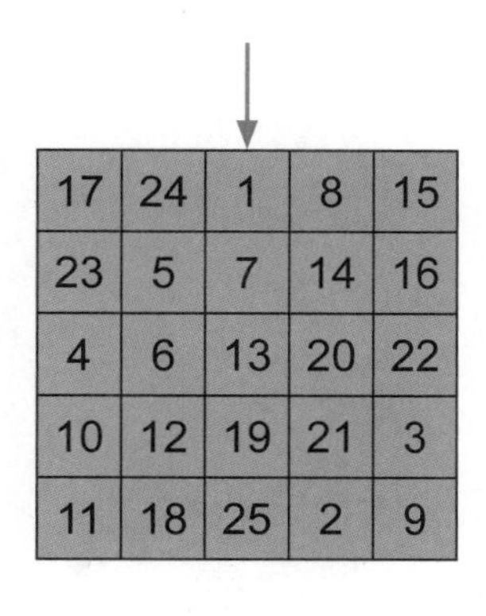

17	24	1	8	15
23	5	7	14	16
4	6	13	20	22
10	12	19	21	3
11	18	25	2	9

数到 9 时超出格外，同理向下降，而 10 则左移到最旁边。

写 11 时会碰到 6，类似 6 写在 5 下面一格，11 写在 10 的下面一格。接着，仍然照斜上一格的方法继续数。

最后，得到如左图所示的五阶幻方。

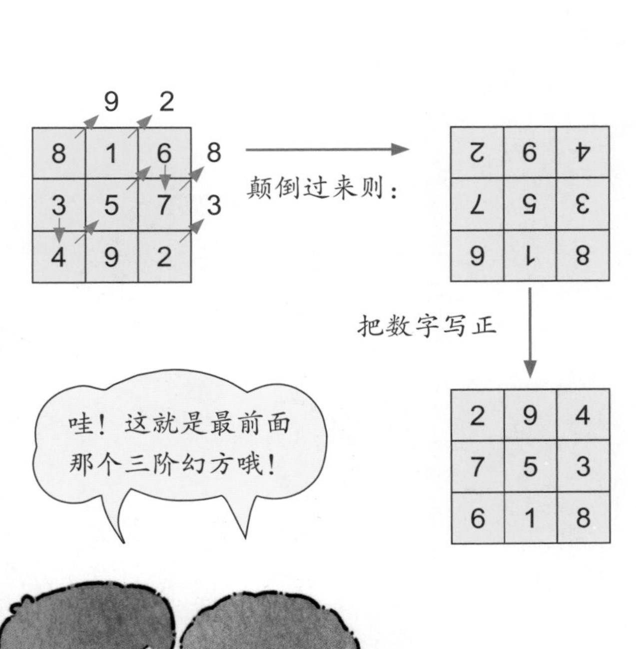

8	1	6
3	5	7
4	9	2

2	9	4
7	5	3
6	1	8

◆ 四阶幻方的做法

13	9	5	1
14	10	6	2
15	11	7	3
16	12	8	4

4	9	5	16
14	7	11	2
15	6	10	3
1	12	8	13

四阶幻方的做法也很简单。如图所示从 1 开始按照顺序写出来。

再按照箭头所指的数，将这些数字调换过来。

将竖排、横排、斜排的数加起来看一看，是不是每排的和都是 34？验算试一试吧！

◆ 星阵

魔术幻方有一种同类型的游戏叫作星阵，以下即星阵的构成。星阵上每一排数字的和也都是相等的。

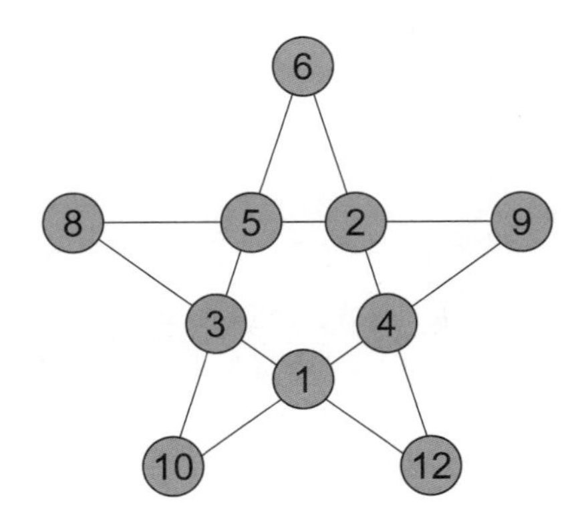

对古时候的人而言，魔术幻方是非常不可思议的。

幻方最早记载于我国公元前 500 年的春秋时期《大戴礼》中，这说明我国人民早在 2500 年前就已经知道了幻方的排列规律。后来，宋朝的杨辉对幻方进行了系统的研究，他称这种图为“纵横图”，并编制出 3—10 阶幻方。

整 理

1. 乘法

按照下列方法计算橘子的总数。

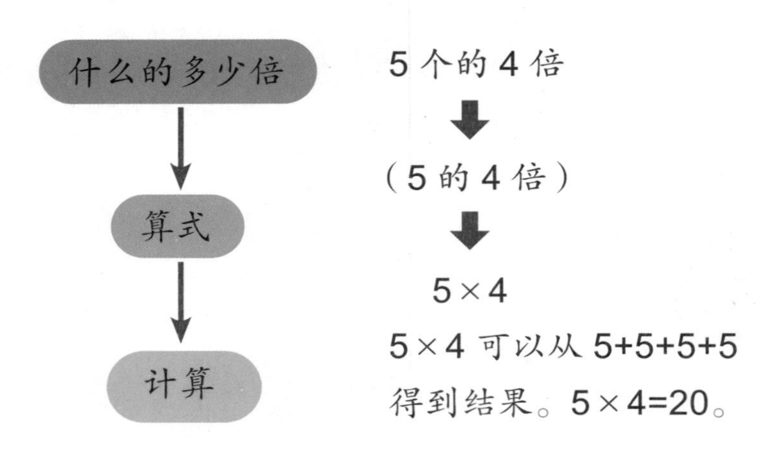

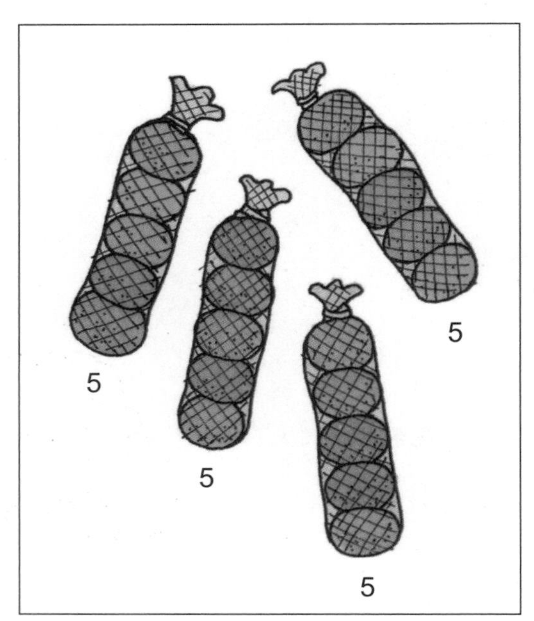

试一试，来做题。

1 写出乘式算一算。

①有几根香蕉？   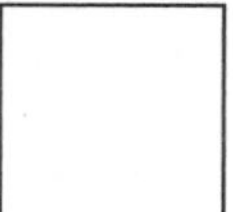

②有几颗樱桃？  × 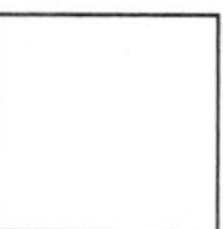

③有几个苹果？ 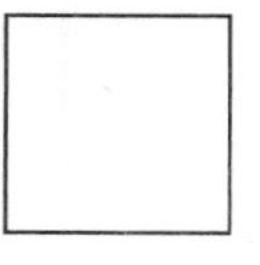 × 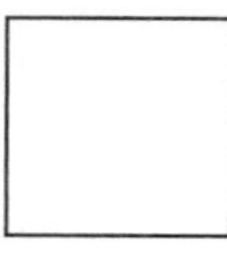

（2）按照下列方法计算小朋友的总人数。

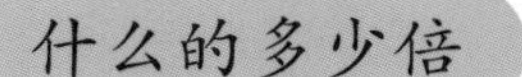

2人的3倍

（2的3倍）

2×3

2×3 可以从 $2+2+2$ 得到结果。

$2\times3=6$

5×4 或 2×3 的计算方法就叫作乘法。

2. 乘法和答案

（1）一个乘数加1时，新的积是原来的积加上另一个乘数。

（2）一个乘数减1时，新的积是原来的积减去另一个乘数。用这个办法可以帮助记忆乘法口诀哦。

$5\times3=20-5$

↑减1　↑减5

$5\times4=20$

↓加1　↓加5

$5\times5=20+5$

答案：1. ① 4×3；② 2×9；③ 6×4。

2. 今天是郊游的好日子

①走吧！出发喽！

一共有几位小朋友？

每 2 人 1 组，共有 8 组，所以是：

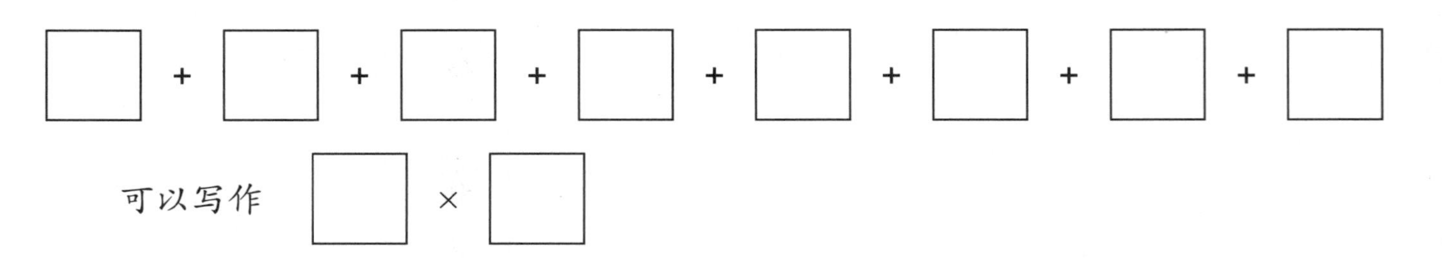

可以写作 □ × □

②中午啦！到了快乐的午餐时间。

按照下列问题所要求的数量，在苹果、蛋糕和蛋卷上圈一圈，再涂颜色。

的 5 倍数　　的 3 倍数　　的 4 倍数

答案：2. ① 2+2+2+2+2+2+2+2，2×8；②在 10 个苹果、9 块蛋糕、16 根蛋卷上涂颜色。

③下午，大家在大草坪上玩游戏。

算式［　　　　　　　　　　　　　　］　答 □ 人

④回家时，老师把心算卡上计算结果相同的男生和女生编成 1 组。画线把上下答案相同的人连接起来吧！

答案：③ 6×4=24，24；④ 3×4 和 3+3+3+3，7×3+7 和 7×4，5×3 和 5×4−5。

解题训练

■ 改变一个乘数的练习。

1

利用乘法计算的总数。

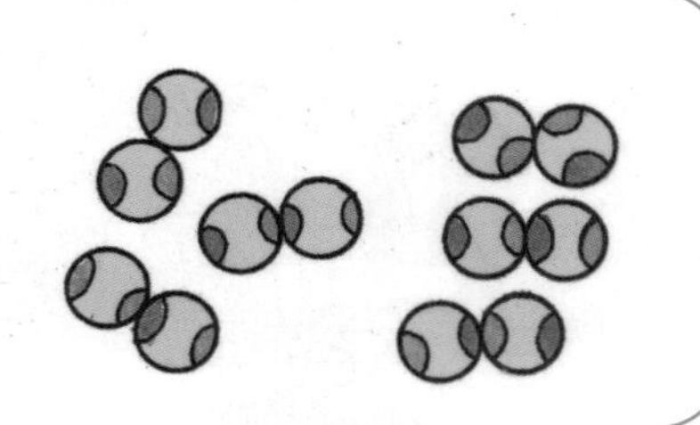

◀ 提示 ▶
先决定一个乘数的大小。乘法就是把其中一个乘数乘上几倍。

解法　做乘法时必须先知道“同样大小的东西共有几组”，才能开始计算。

如果把当作 1 组，这道题的结果是的 6 倍；如果把当作 1 组，这道题的结果是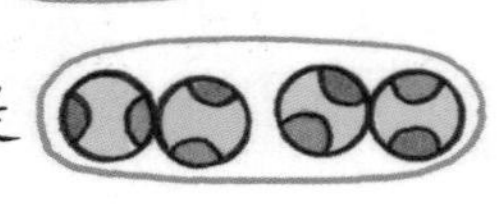的 3 倍。

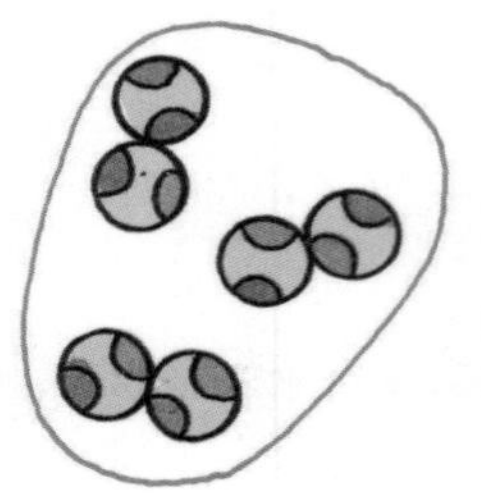

如果按照左图，把 6 个球当作 1 组，球的总数是 6 的 2 倍。

2×6=12，4×3=12，6×2=12　答：12 个。

■ 乘法的练习。

2

把橘子平分给 7 人，每人得 3 个橘子，请问一共有多少个橘子？

◀ 提示 ▶
3 的乘法练习。

解法　把 3 个橘子当作 1 人份，所以，7 人份就是 3 的 7 倍。

3×7=21　答：21 个。

■ 找出一个乘数并解答问题。

3

利用火柴排成下列的形状。请问总共有几根火柴？

◀ 提示 ▶

算一算，每个图形用了多少根火柴。

解法　每个图形使用 4 根火柴。所以，把 4 根火柴当作 1 组，一共有 3 组。火柴的总数是 4 的 3 倍。

$4\times3=12$

答：12 根。

■ 找出一个乘数并计算答案。

4

有 7 个盒子，每个盒子里有 6 块肥皂。请问总共有多少块肥皂？

◀ 提示 ▶

6 的乘法练习。

解法　每个盒子里有 6 块肥皂，所以把 6 块肥皂当作 1 组。共有 7 个盒子，肥皂的总数就是 6 的 7 倍。

$6\times7=42$

答：42 块。

■ 乘法的练习。

5

图画纸每张 9 元，买 4 张图画纸，请问一共需要花多少元？

◀ 提示 ▶
9 的乘法练习。

解法　把 9 元当作 1 份。

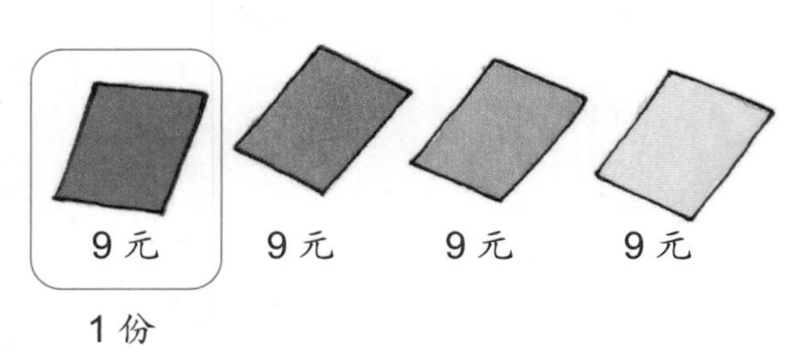

所以，全部的价钱是 9 的 4 倍。

$9 \times 4=36$

答：36 元。

■ 想一想，应该是 6 的几倍？还是 5 的几倍？把算式写出来。

6

有 6 张长椅，每张长椅上坐 5 个人，请问总共可以坐多少人？

◀ 提示 ▶
把 5 人当作 1 组。

解法　5 人为 1 组。

全部的人数是 5 人的 6 倍，一共有 30 人。

$5 \times 6=30$

答：30 人。

■ 找出两个乘数并计算答案。

7 有 5 艘船，每艘船上坐 2 人，请问总共可以坐多少人？

◀ 提示 ▶
2 的乘法练习。

解法 1 艘船上坐 2 人，把 2 人当作 1 组。
一共有 5 艘船，总人数是 2 人的 5 倍，一共有 10 人。

$2\times5=10$ 答：10 人。

■ 组合两种不同的计算方法。

8 有 20 支铅笔。把这些铅笔分给 8 位小朋友，每人得 2 支铅笔，请问还剩多少支铅笔？

◀ 提示 ▶
利用乘法和减法计算答案。

解法 先计算出分给小朋友的铅笔数量。把 2 支铅笔当作 1 组，分给小朋友的铅笔是 2 的 8 倍，$2\times8=16$。
共有 20 支铅笔，从 20 支去掉 16 支，差就是剩余的铅笔。

$2\times8=16$，$20-16=4$ 答：4 支。

加强练习

1. 暑假时，小明外出旅行，旅行的时间是 2 个星期。算一算，小明总共旅行了多少天？

算式 [ ] 答 □ 天

2. 小华班上的同学分为 9 组，每 1 组 4 人。

小华班上共有多少人？

算式 [ ] 答 □ 人

3. 有 50 张图画纸。

把这些图画纸分给 9 人，每人分 4 张图画纸，还剩下多少张图画纸？

算式 [ ] 答 □ 张

解答和说明

1. 1 个星期有 7 天。2 个星期是 7 天的 2 倍，

$7\times2=14$。 答：14 天。

2. 每 1 组有 4 人，9 组就是 4 人的 9 倍，

$4\times9=36$。 答：36 人。

4. 小明买了 9 颗糖果，每颗糖果 3 元，后来又买了 1 包饼干，每包饼干 23 元。请问小明一共花了多少钱？

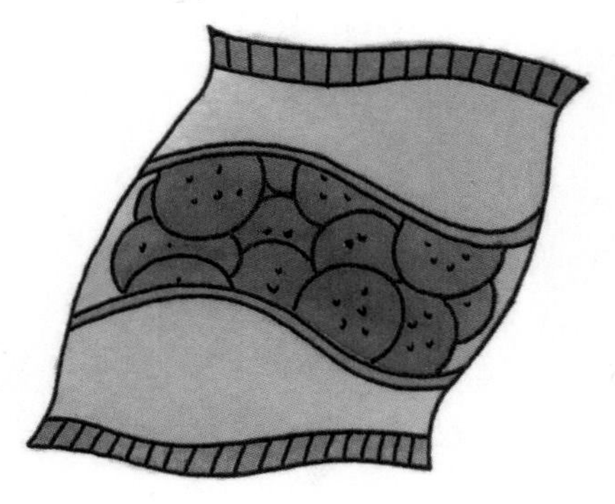

算式 [ ]　　答 □ 元

5. 二年级 2 班的同学分为 6 组。现在教室里共有 45 张图画纸，如果每组同学拿 8 张图画纸，请问还需要几张图画纸？

算式 [ ]

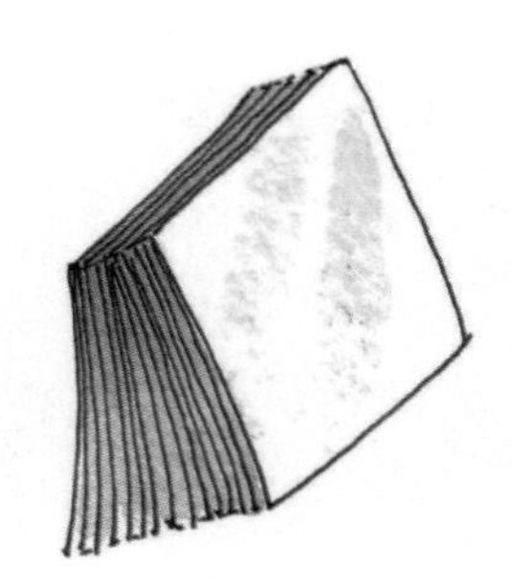

答 □ 张

3. 每人分得 4 张图画纸，9 人分的图画纸数量就是 4 的 9 倍，共 36 张。把全部的图画纸数量减去 36 张就是剩余的图画纸数量。

$4\times9=36$，$50-36=14$。　　答：14 张。

4. 糖果的钱是 3 元的 9 倍，总共 27 元。把 27 元和 23 元相加。

$3\times9=27$，$27+23=50$。　　答：50 元。

5. 每 1 组得 8 张图画纸，$8\times6=48$，6 组需要 48 张图画纸。现在只有 45 张图画纸，所以不够的图画纸张数是 $48-45=3$。　　答：3 张。

步印童书馆

步印童书馆 编著

北京市数学特级教师 丁益祥
北京市数学特级教师 司梁
『卢说数学』主理人 卢声怡
联袂力荐

小牛顿数学分级读物

第二阶

1 两位数加减法

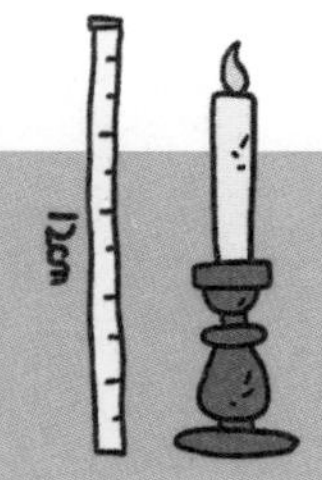

中国儿童的数学分级读物
培养有创造力的数学思维

讲透原理 → 系统进阶 → 思维转换

電子工業出版社
Publishing House of Electronics Industry
北京·BEIJING

图书在版编目（CIP）数据

小牛顿数学分级读物. 第二阶. 1, 两位数加减法 / 步印童书馆编著. -- 北京 : 电子工业出版社, 2024.6

ISBN 978-7-121-47627-3

Ⅰ. ①小… Ⅱ. ①步… Ⅲ. ①数学－少儿读物 Ⅳ. ①O1-49

中国国家版本馆CIP数据核字(2024)第068410号

特别鸣谢本书组稿策划人郑利强先生。

责任编辑：赵 妍 季 萌
印　　刷：当纳利（广东）印务有限公司
装　　订：当纳利（广东）印务有限公司
出版发行：电子工业出版社
　　　　　北京市海淀区万寿路173信箱 邮编：100036
开　　本：889×1194 1/16 印张：12 字数：242.4千字
版　　次：2024年6月第1版
印　　次：2024年6月第1次印刷
定　　价：80.00元（全4册）

凡所购买电子工业出版社图书有缺损问题，请向购买书店调换。若书店售缺，请与本社发行部联系，联系及邮购电话：（010）88254888，88258888。

质量投诉请发邮件至zlts@phei.com.cn，盗版侵权举报请发邮件至dbqq@phei.com.cn。

本书咨询联系方式：（010）88254161转1860，jimeng@phei.com.cn。

目录

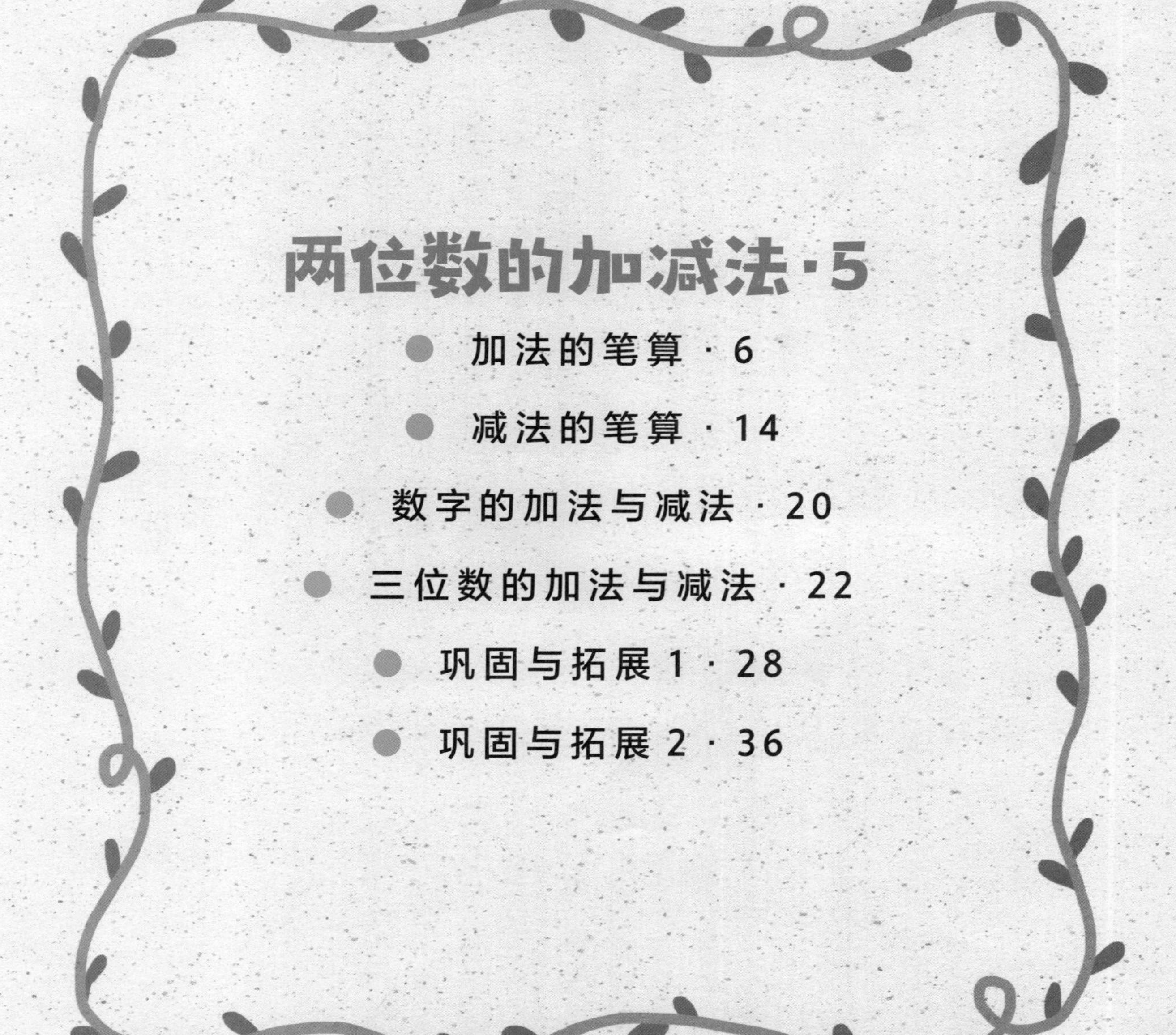

两位数的加减法

加法的笔算

小明、小英、大华、小萌来到了蚂蚁王国。在美丽的花丛中正有一队蚂蚁经过。

这一队蚂蚁共有26只，小明和其他小朋友要将有相同特性的蚂蚁分出来。虽然每位小朋友都有自己分组的方法，但是加起来的数量还都必须是26只哦！

学习重点

①简单加法的笔算方法。
②如何验算答案是否正确。

◆ **找出同伴来。**

小明的分类方法

扛米的蚂蚁有………………… **6** 只

没有扛米的蚂蚁有………… **20** 只

小英的分类方法

戴帽子的蚂蚁有…………… **10** 只

没有戴帽子的蚂蚁有……… **16** 只

大华的分类方法

拿长矛的蚂蚁有…………… **4** 只

没有拿长矛的蚂蚁有……… **22** 只

小萌的分类方法

系领巾的蚂蚁有…………… **11** 只

没有系领巾的蚂蚁有……… **15** 只

● **你也可以根据自己确定的标准来分类，可以不止分成两类。**

◆ **把分出来的数加一加。**

如果加起来的和是 26，就是正确的。

如果同伴的分类结果错了，加起来的和也是错误的。

小明

将算式写下来就是 **6+20**。

	十位	个位
6		●●●●●●
20	●●	
6+20	●●	●●●●●●
	2	6

完整的加法算式是 **6+20=26**。

	十位	个位
10	●	
16	●	●●●●●●
10+16	●●	●●●●●●
	2	6

10+16=26

	十位	个位
4		●●●●
22	●●	●●
4+22	●●	●●●●●●
	2	6

4+22=26

	十位	个位
11	●	●
15	●	●●●●●
11+15	●●	●●●●●●
	2	6

11+15=26

笔算

36+8

笔算的方法

将36的3写在十位上，6写在个位上。加数8也写在个位上。

十位	个位
3	6
	8

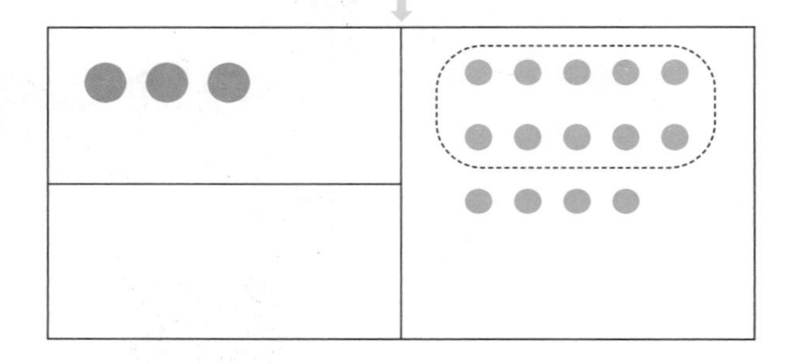

写上“+”的记号，画上一条横线，然后从个位开始计算。

$$\begin{array}{r} 36 \\ +\ {}_{1}8 \\ \hline 4 \end{array}$$

6+8 等于 **10+4**

如果个位上的数相加比10多，十位上的数就多了1个圆点，这就是进位（向高位进1）。

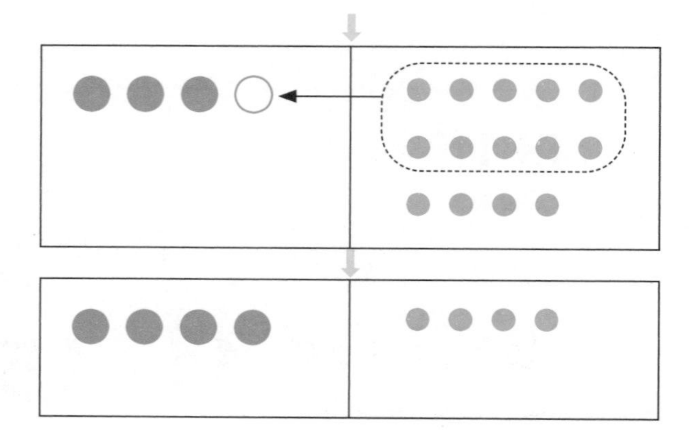

十位上的数3加进位来的1等于4。

36+8=44

$$\begin{array}{r} 36 \\ +\ 8 \\ \hline 44 \end{array}$$

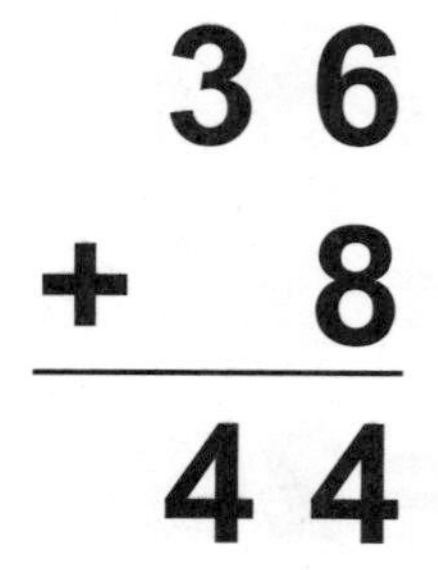

笔算

9+25

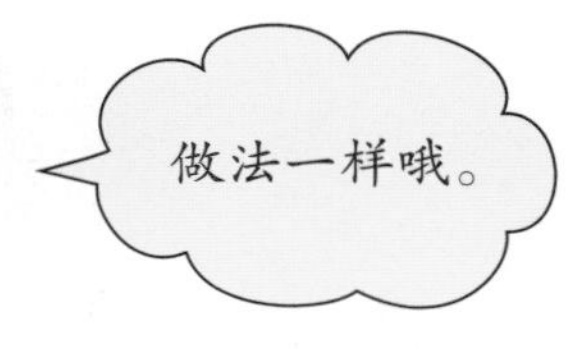

笔算的方法

将 9 和 25 按照数位排列正确。

十位	个位
	9
2	5

十位	个位
	●●●●● ●●●●
●●	●●●●●

不要忘记进位的数哟，只要将这个数写在十位上，就很方便计算了。

$$\begin{array}{r} 9 \\ +\ 2_{1}5 \\ \hline 4 \end{array}$$

9+5=14

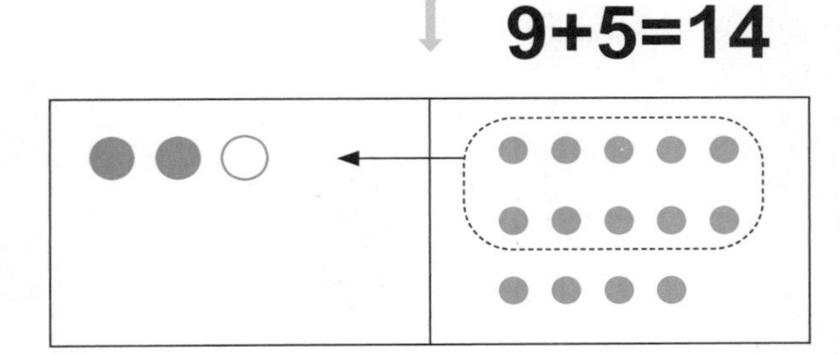

个位数超过 10，必须向十位的数进 1。

十位上的数 2 加进位来的数 1，等于 3。

9+25=34

$$\begin{array}{r} 9 \\ +\ 2_{1}5 \\ \hline 3\ 4 \end{array}$$

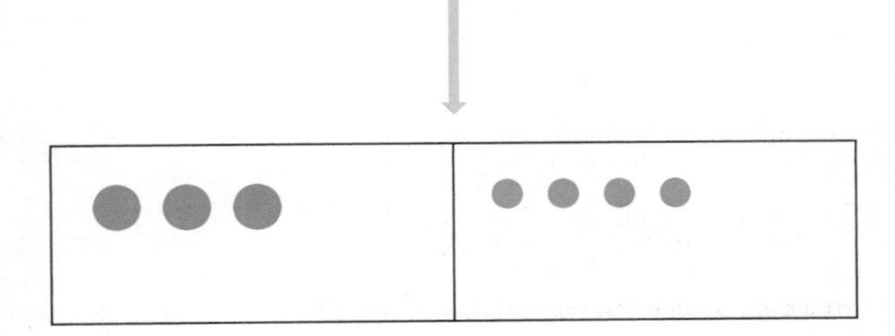

笔算

78+4 和 4+78

1 78+4

① 4+78

2

$$\begin{array}{r} 78 \\ +\ _{1}4 \\ \hline 2 \end{array}$$

8+4=12

3

$$\begin{array}{r} 78 \\ +\ _{1}4 \\ \hline 82 \end{array}$$

十位的数 7 加上进位来的 1，等于 8。

②

$$\begin{array}{r} 4 \\ +\ 7_{1}8 \\ \hline 2 \end{array}$$

4+8=12

4 验算一遍。

$$\begin{array}{r} 78 \\ +\ _{1}4 \\ \hline 82 \end{array}$$

从下往上，加一加。

和相同的话就是正确的。

③

$$\begin{array}{r} 4 \\ +\ 7_{1}8 \\ \hline 82 \end{array}$$

十位的数 7 加上进位来的 1，等于 8。

④ 验算一遍。

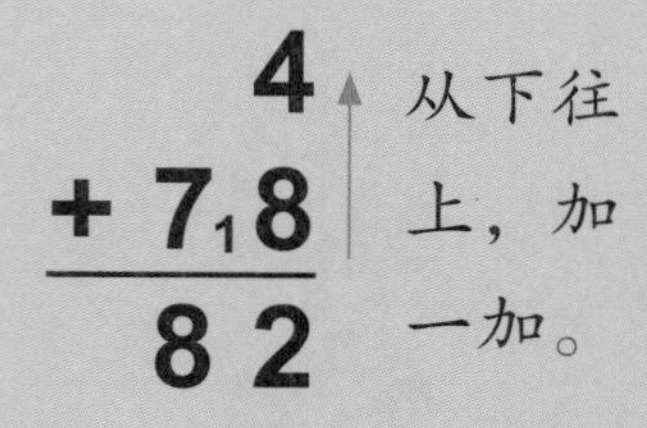

$$\begin{array}{r} 4 \\ +\ 7_{1}8 \\ \hline 82 \end{array}$$

从下往上，加一加。

和一样的话就是正确的。

计算

$$\begin{array}{r} 4 \\ +7_{1}8 \\ \hline \square \end{array}$$

从上往下加

验算

$$\begin{array}{r} 4 \\ +7_{1}8 \\ \hline \square \end{array}$$

从下往上加

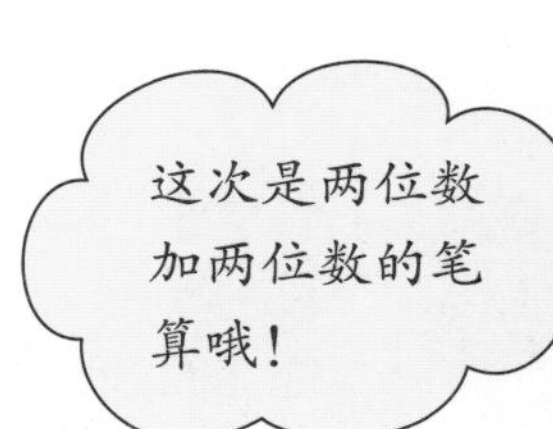

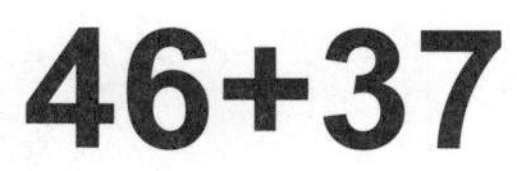

46+37

31+49

①

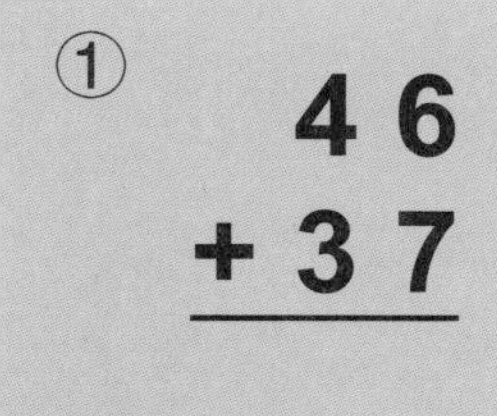

十位	个位
●●●●	●●●●● ●
●●●	●●●●● ●●

②

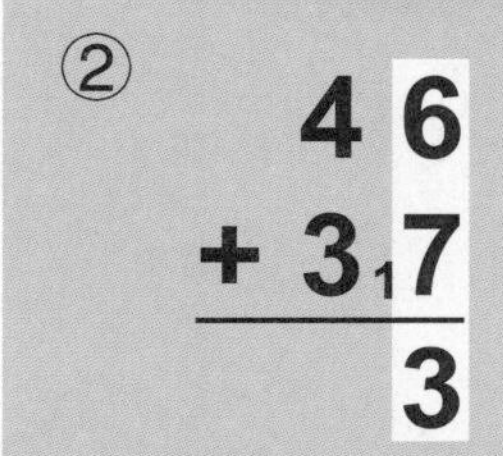

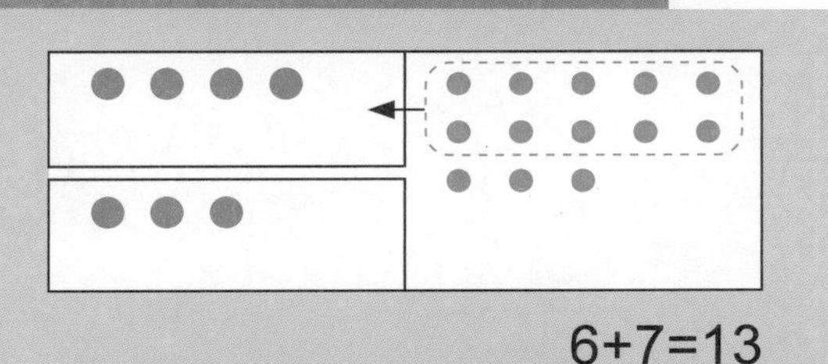

6+7=13

③

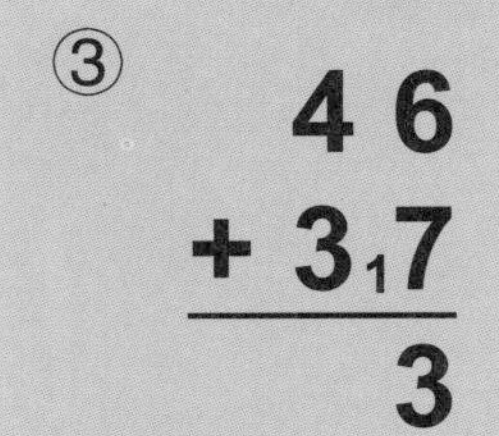

十位的 4 加上进位的 1。

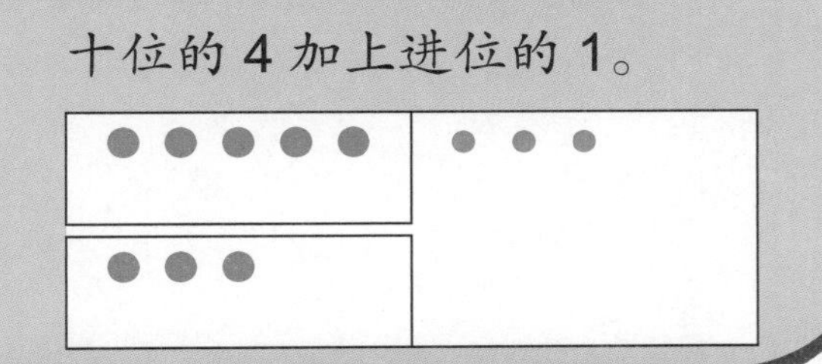

④

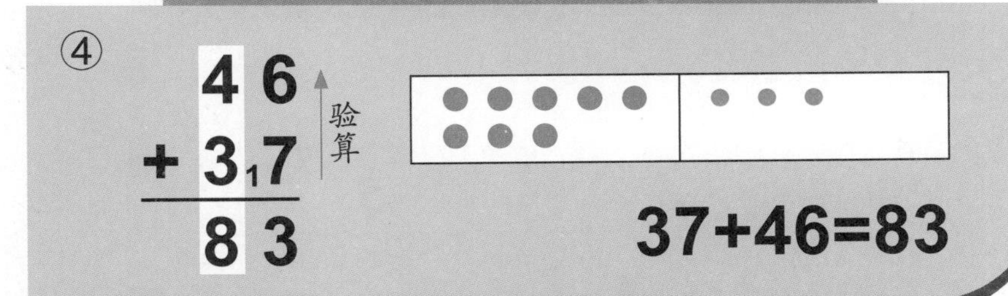

37+46=83

①

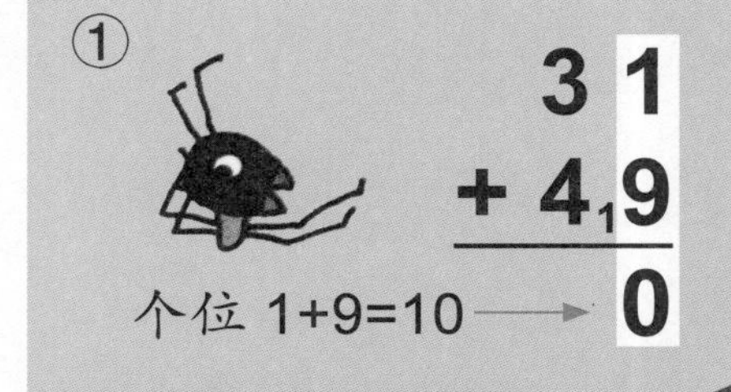

个位 1+9=10

②

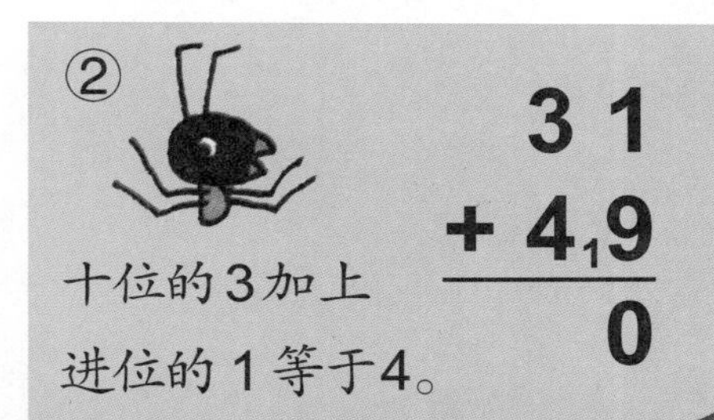

十位的 3 加上
进位的 1 等于4。

③

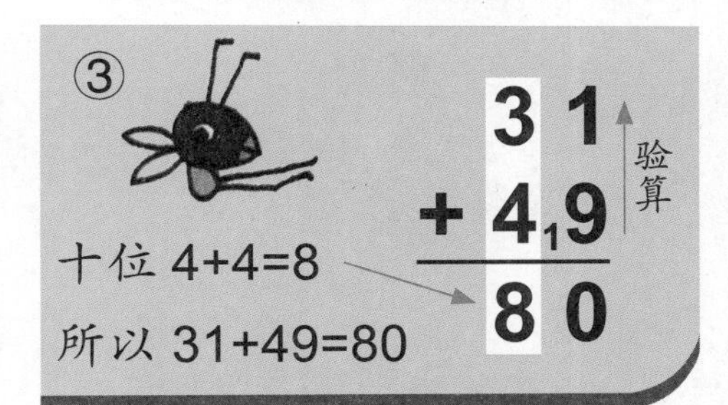

十位 4+4=8
所以 31+49=80

整　理

加法笔算法则：列出竖式，数位要对齐，然后从个位加起。

减法的笔算

算一算，绿色的青蛙有多少只？

从 29 只里去掉 6 只，求剩下的数，列出算式就是：29−6。

想一想，用什么方法来计算？

	十位	个位
29	●●	●●●●●●●●●
29−6	●●	●●● 6 个划掉
23	●●	●●●
	2	3

29−6=23

①简单的减法如何笔算。
②验算答案的方法。

把 23 只绿色的青蛙，和一些红色的青蛙合起来，一共是 29 只。

用算式写出红色青蛙的只数：29−23。

想一想，用什么方法来计算？

	十位	个位
29	●●	●●●●● ●●●●
29−23	●● (crossed out)	●●●●● ●●●● (3 crossed out)
6		●●●●● ●
		6

$$29-23=6$$

笔算

36–4

将36的3写在十位上，6写在个位上。

将减数4写在个位上。

十位	个位
3	6
	4

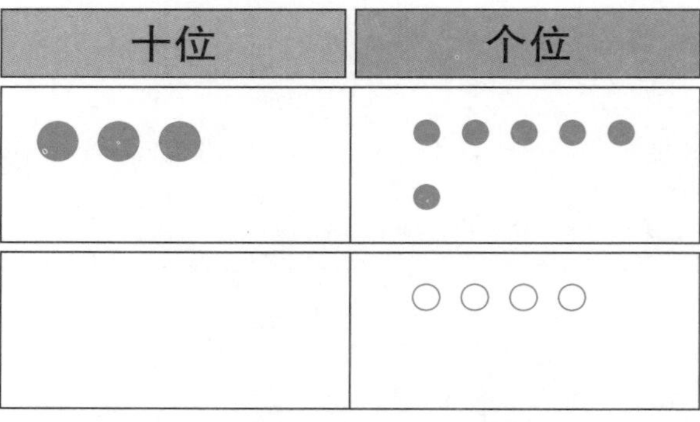

如果不把位数以竖式列好，就很容易算错哦！

写下表示减的"–"符号，再画一条横线。首先从个位上的数开始计算。然后在下面写下差2。

$$\begin{array}{r} 36 \\ -\ \ 4 \\ \hline 2 \end{array}$$

36–4 个位上的数的计算方法

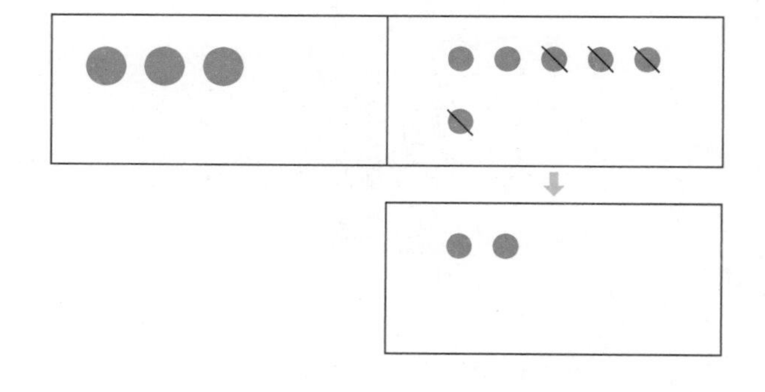

十位数上没有减数。所以，将原来的3直接拿下来，写在下面。

36–4=32

$$\begin{array}{r} 36 \\ -\ \ 4 \\ \hline 32 \end{array}$$

十位上的余数　个位上的余数

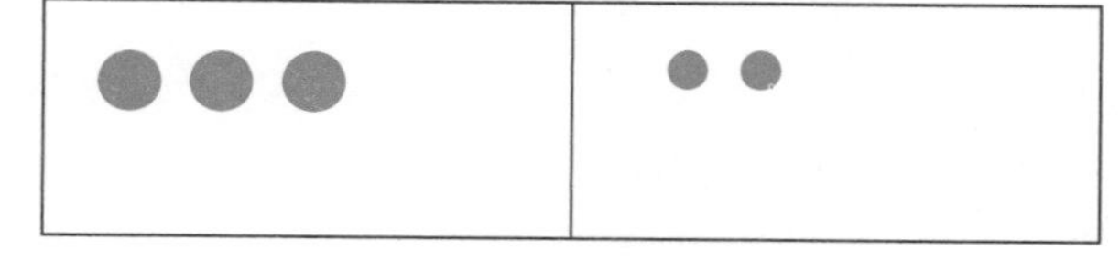

笔算

49–15

下面是两位数减两位数的笔算练习。

和前面的方法一样，先将数位对齐，把数字写下来。

十位	个位
4	9
1	5

十位	个位
●●●●	●●●●● ●●●●
○	○○○○○

先从个位上的数 9–5 开始计算，也和前面的方法一样。

$$\begin{array}{r} 49 \\ -\ 15 \\ \hline 4 \end{array}$$

49–15 的个位上的数的计算方法

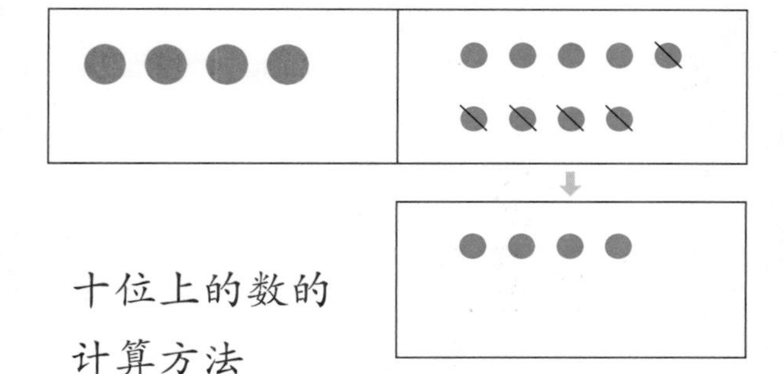

十位上的数的计算方法

但是十位上的数却和前面不同，有减数 1，4 减 1，差为 3，把答案写下来。

49–15=34

$$\begin{array}{r} 49 \\ -\ 15 \\ \hline 34 \end{array}$$

十位上的余数　个位上的余数

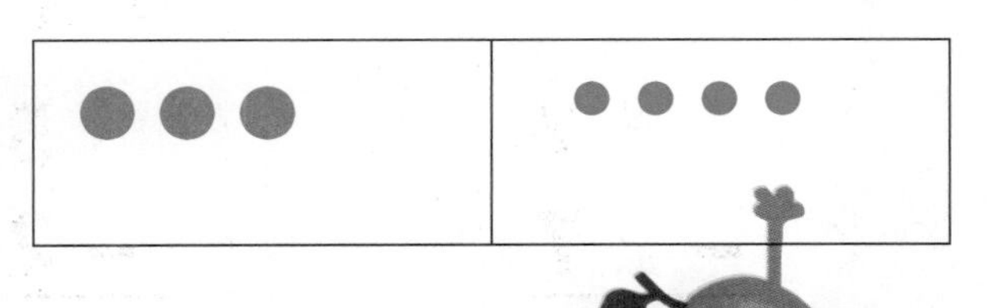

验算一下，答案对不对？将得到的差 34，加上减数 15，如果和是原来的被减数 49，计算就是正确的。

笔算

36−20 和 57−27

1 36−20

2
$$\begin{array}{r} 36 \\ -\ 20 \\ \hline 6 \end{array}$$
6−0=6

3
$$\begin{array}{r} 36 \\ -\ 20 \\ \hline 16 \end{array}$$
接下来：
3−2=1

4 验算一遍。
$$\begin{array}{r} 36 \\ -\ 20 \\ \hline 16 \end{array}$$
将减数加上差来验算。
20+16=36

① 57−27

②
$$\begin{array}{r} 57 \\ -\ 27 \\ \hline 0 \end{array}$$
7−7=0

注意个位上的数的算法为6−0、7−7，千万不要算错了。

③
$$\begin{array}{r} 57 \\ -\ 27 \\ \hline 30 \end{array}$$
十位上的数的算法是：5−2=3

④ 验算一遍
$$\begin{array}{r} 57 \\ -\ 27 \\ \hline 30 \end{array}$$
将减数加上差来验算。
27+30=57

36−20=16

57−27=30

42−7

① 42 − 7

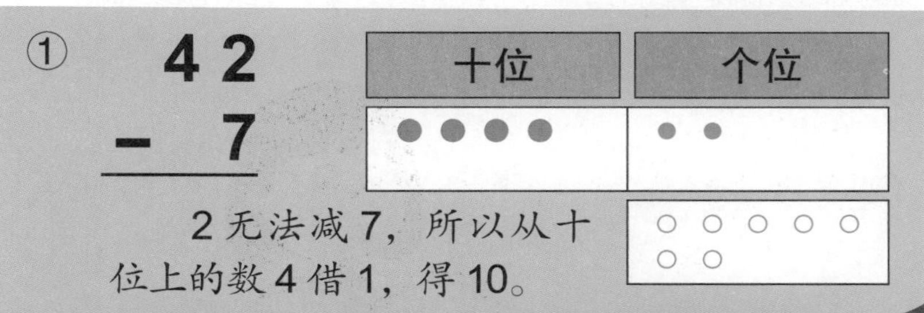

2无法减7，所以从十位上的数4借1，得10。

② 4̇2 − 7

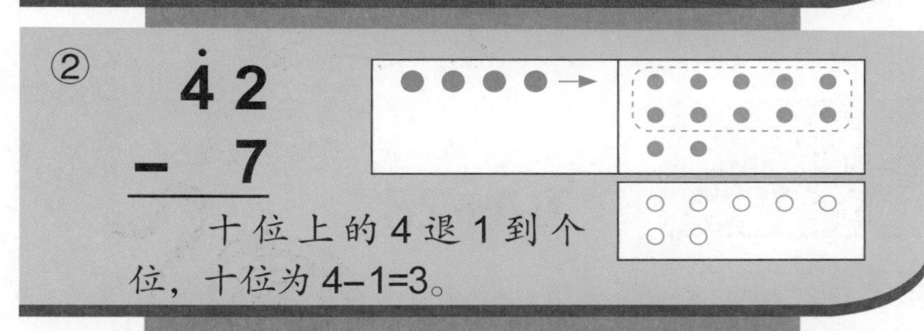

十位上的4退1到个位，十位为4−1=3。

③ 4̇2 − 7 = 5

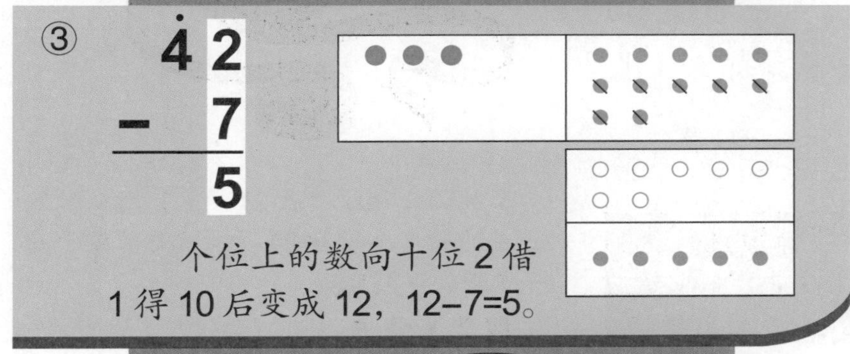

个位上的数向十位2借1得10后变成12，12−7=5。

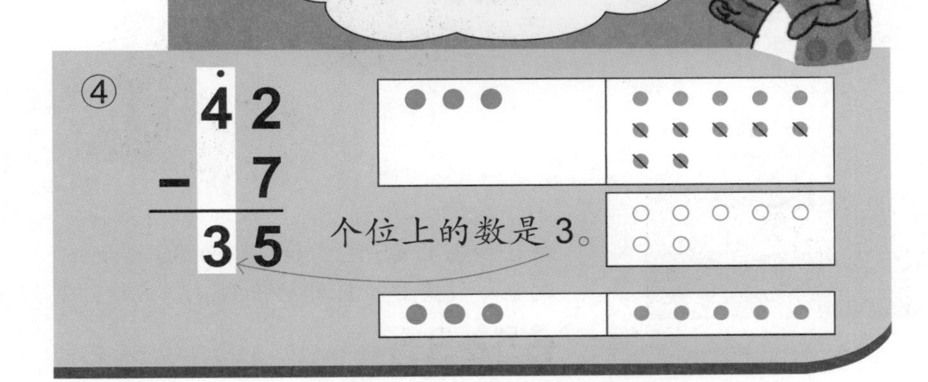

④ 4̇2 − 7 = 35

个位上的数是3。

35−18

①先算个位上的数

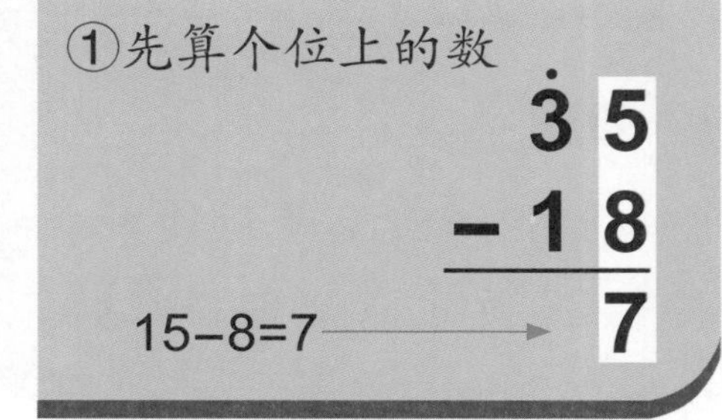

②十位上的数退1到个位，十位上是2：3−1=2

3̇5 − 18 = 7

③最后算十位上的数

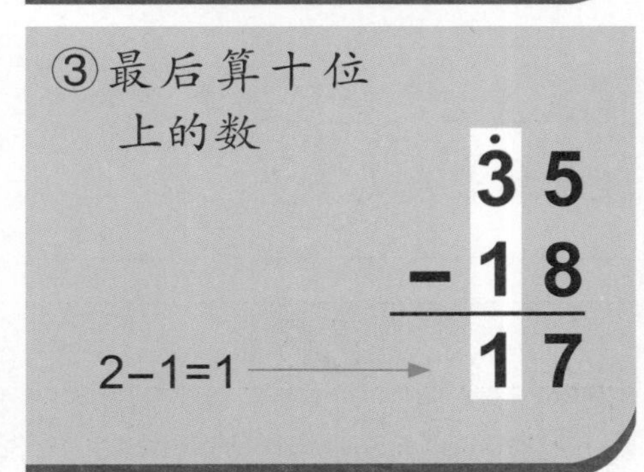

整　理

减法也是将位数列好后，从个位上的数开始算起。需要特别注意退位的计算方法。

数字的加法与减法

◉ 加法

①小妍已经读到故事书的第 64 页了，还剩下 28 页才能读完。你知道这本故事书一共有多少页吗？

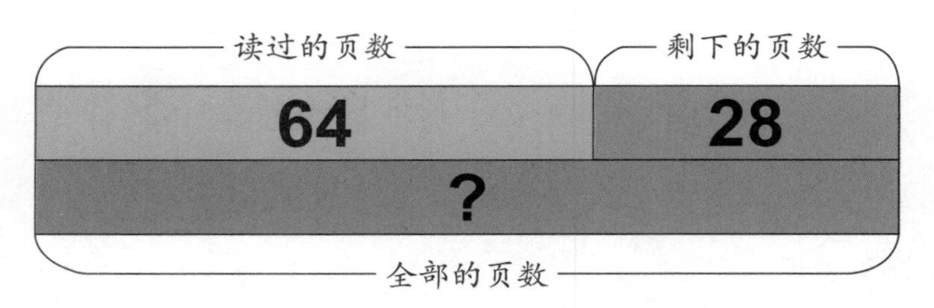

全书分为读完的和没读的，合起来就是整本书的页数，所以算式为：

64+28

②这里有 2 条胶带。短胶带的长度是 56 厘米，比长胶带的长度少 24 厘米。那么，长胶带的长度是多少厘米？

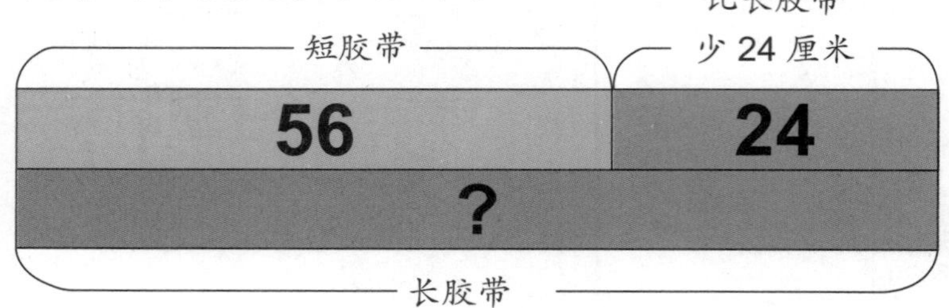

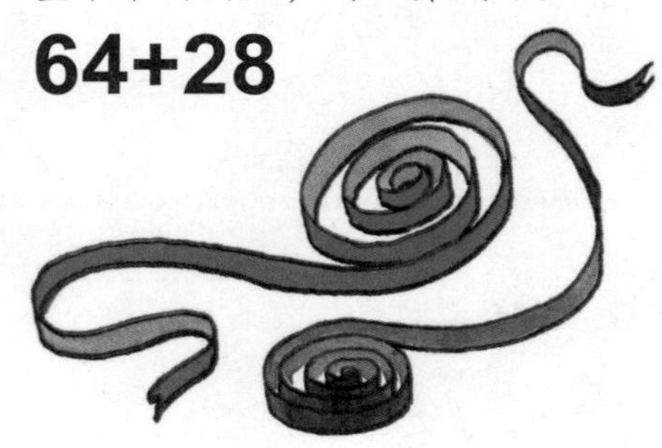

长胶带比短胶带长 24 厘米，所以短胶带的长度再增加 24 厘米就是长胶带的长度。算式为：

56+24

③小妍有 65 元零用钱。她想买一个玩具，但是还差 35 元。你知道小妍想买的这个玩具是多少元吗？

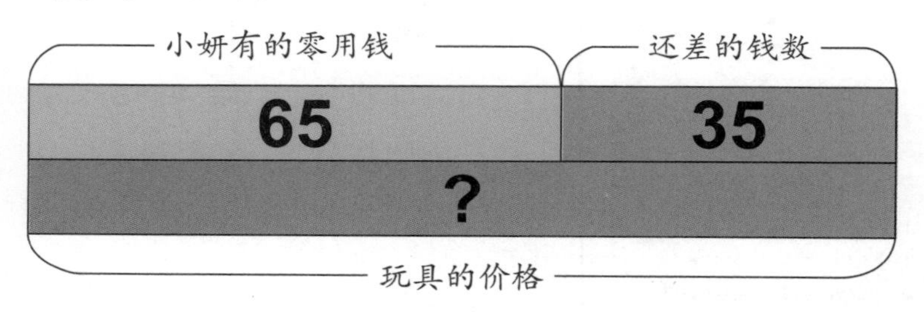

把已经有的 65 元，和还差的 35 元合并起来，就是这个玩具的价钱。算式为：

65+35

学习重点

一定要认真读题，多读几遍题，仔细分辨是用加法计算，还是用减法计算，再写出算式来。

◉ 减法

①池塘里，红色鲤鱼的数量比黄色鲤鱼的数量多了 18 条。红色鲤鱼的数量是 51 条，那么黄色鲤鱼的数量是多少条？

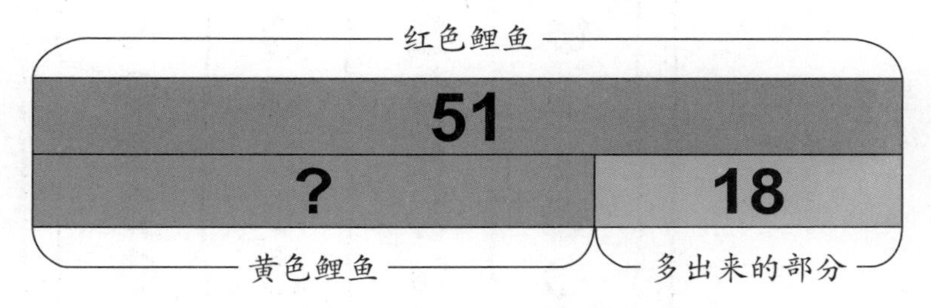

黄色鲤鱼的数量比红色鲤鱼的数量少 18 条，所以红色鲤鱼去掉 18 条就正好是黄色鲤鱼的数量。算式为：

51−18

②笔记本的价格比铅笔贵 25 元。假设一本笔记本 34 元，一支铅笔多少钱？

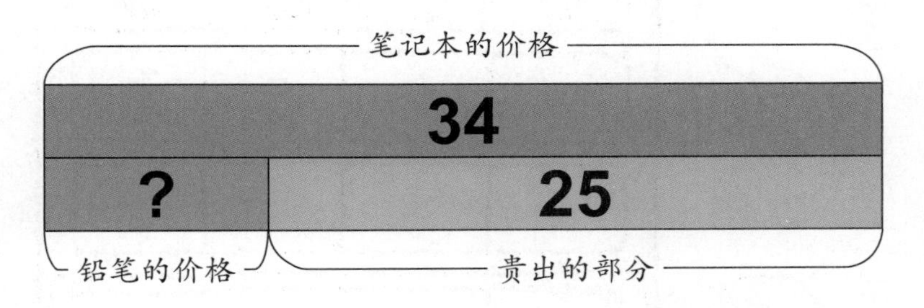

铅笔的价钱低，所以求铅笔的价钱，算式为：

34−25

③水槽里一共可以注满 50 升的水。现在水槽里已经注入了 28 升的水，你知道还要注入多少升的水才能注满整个水槽？

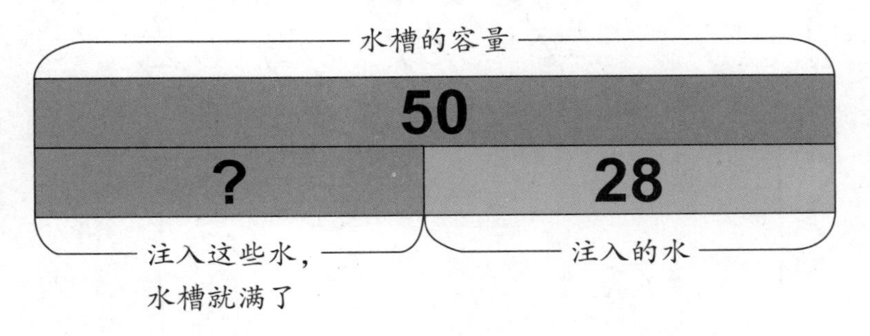

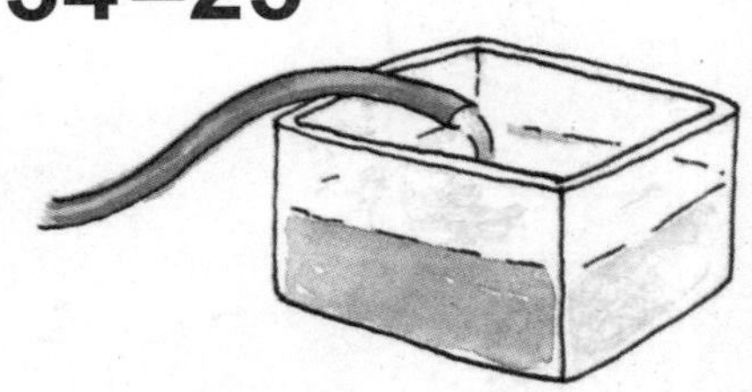

水槽可以注满 50 升水，现在注入 28 升水，所以算式为：

50−28

三位数的加法与减法

加法的笔算

森林中的松鼠家族有一个会计算的机器。

这个机器上记录了仓库里贮藏的栗子数量一共有 286 颗。

这一天，松鼠阿吉又捡了 43 颗栗子，准备贮藏到仓库里去。

现在，只要你按一下“开关”按钮，机器就会开始计算哦！

学习重点

本章讲解三位数的加法和减法笔算的方法。

①机器首先从个位开始计算。6+3 等于 9。

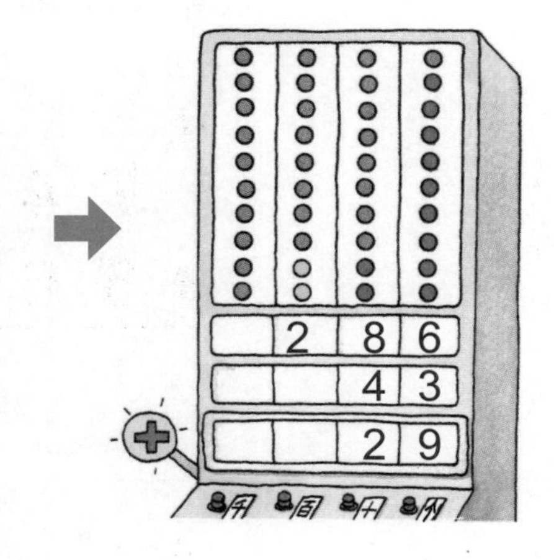

②接着，机器开始计算十位上的数。8+4=12，在十位写下 2，然后向百位进 1。

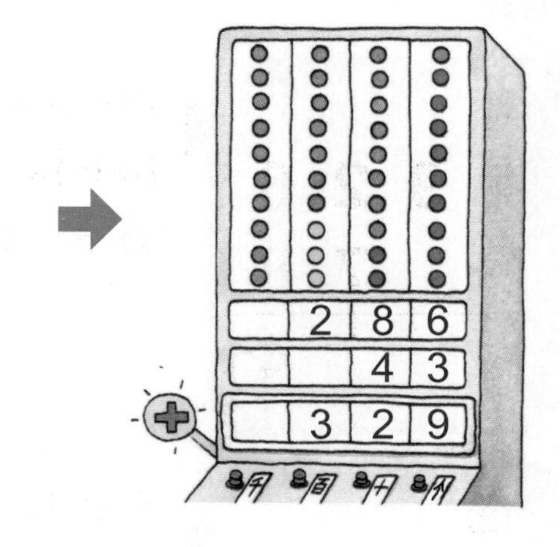

进 1 的数写在百位的左上方就不会忘记。

③百位上的数 2 加上进位的 1，等于 3。

答案：329。

◆ **想一想，548+175 笔算的方法。**

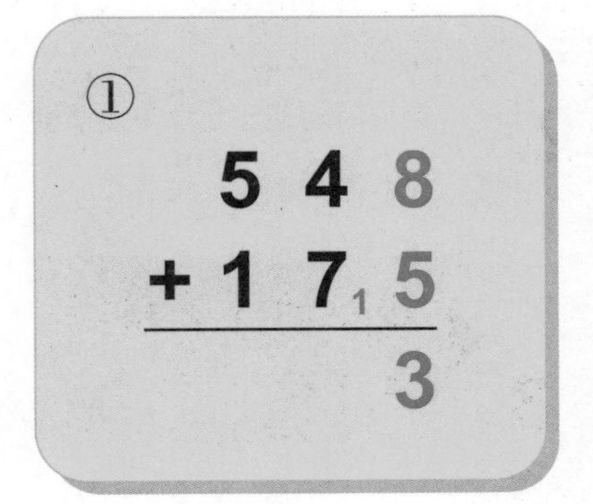

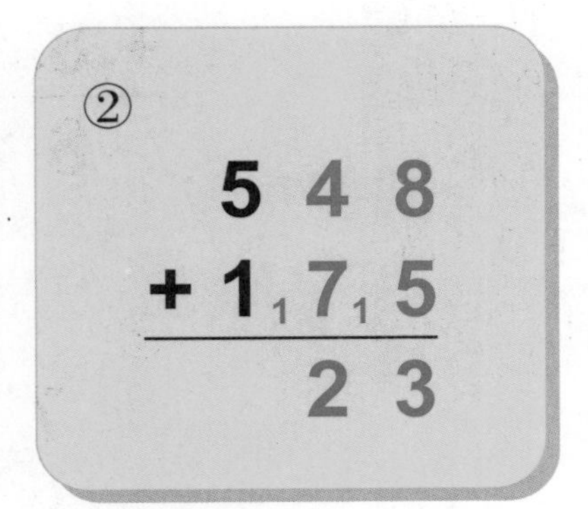

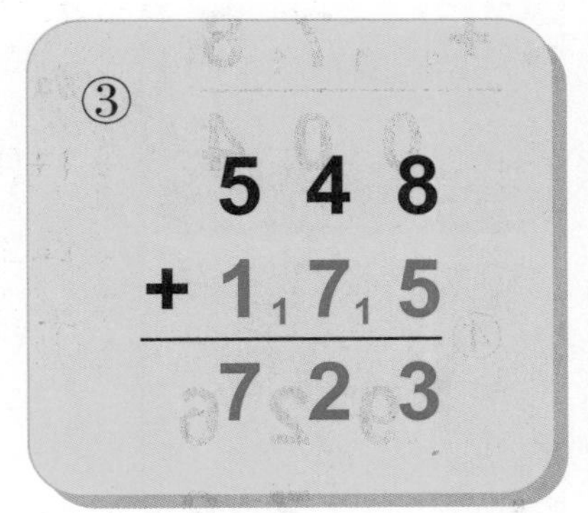

① 个位上 8+5=13，所以在个位上写 3，然后向十位进 1。

② 十位上 1+4+7=12，因此，在十位写下 2，向百位进 1。

③百位上 1+5+1=7，在百位上写 7。

答案：723。

三位数的加法

◆ 算一算，三位数相加以后进位成四位数的加法。

不要忘了进位后要加1。

笔算 926+78

① 个位上 6+8=14，写下4，向十位数进1。

② 十位上 1+2+7=10，写下0，向百位进1。

③ 百位上没有加数，所以只需将进位的数1加上9即可。1+9=10，在百位上写下0，向千位进1。

④ 进位的1直接写在千位上。

$$\begin{array}{r} 926 \\ +\ 78 \\ \hline 1004 \end{array}$$

答案：1004。

笔算 743+869

① 个位上 3+9=12，写下2，向十位数进1。

② 十位上 1+4+6=11，写下1，向百位进1。

③ 百位上 1+7+8=16，写下6，向千位进1。

④ 进位的1直接写在千位上。

$$\begin{array}{r} 743 \\ +\ 869 \\ \hline 1612 \end{array}$$

答案：1612。

减法的笔算

松鼠的仓库里原来有 147 颗栗子，吃掉 84 颗栗子后，还剩下多少颗栗子？

◆ 用计算的机器算一算 147−84。

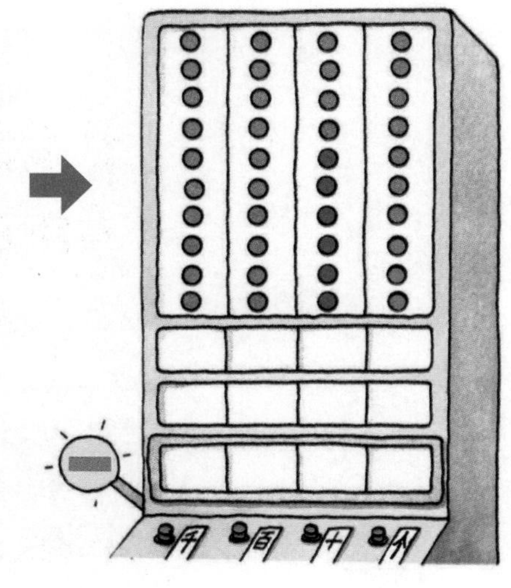

①机器首先从个位开始计算，7−4=3。

②接着，机器开始计算十位上的数。十位上的数 4 不够减 8，所以机器向百位借 1，14−8=6。

答案：63。

◆ 想一想，笔算 723−478 的方法。

①

$$\begin{array}{r} 7\dot{2}3 \\ -478 \\ \hline 5 \end{array}$$

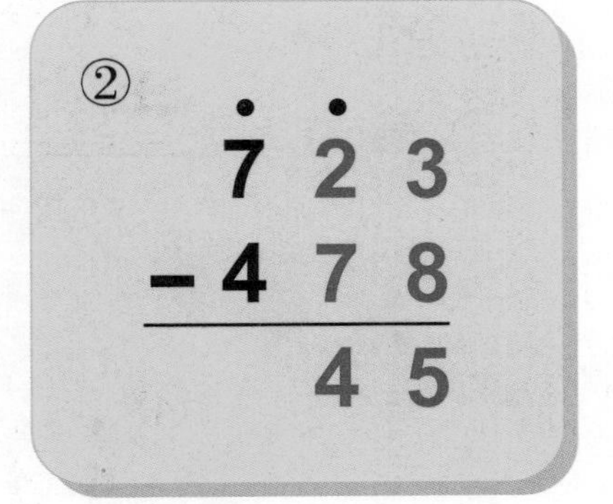

③

$$\begin{array}{r} \dot{7}\dot{2}3 \\ -478 \\ \hline 245 \end{array}$$

①个位上的 3 不够减 8，所以向十位借 1（等于个位上的数 10），13−8=5，在个位上写下 5。

②十位上的 1 不够减 7，所以向百位借 1（等于十位上的数 10），11−7=4，在十位上写下 4。

③百位上 6−4=2，在百位上写下 2。

答案：245。

◉ 三位数的减法

◆ 算一算，2 次借数的减法如何计算？

笔算 353–86 的方法

个位上的 3 不够减 6，必须向十位借 1，即 13–6=7，在个位上写下 7，而十位上的数 5 减 1，剩 4。

十位上的 4 也不够减 8，必须向百位借 1。

十位上的数 14–8=6，在百位上写下 6。

百位上的数少了 1 剩下 2。
由于没有减数，所以直接在百位上写 2。

答案：267。

◆ 3 次借数的减法。

笔算 1428–869 的方法

个位上的 8 不够减 9，所以向十位借 1，即 18–9=9。不要忘记十位上的数 2 被借 1 剩 1。

②
1 4 2 8
– 8 6 9
5 9

十位上的数 1 也不够减 6，所以必须向百位借 1，得到 11–6=5。

③
1 4 2 8
– 8 6 9
5 5 9

百位上的 3 向千位借 1，得到 13–8=5。

④
1 4 2 8
– 8 6 9
5 5 9

千位上的数 1，已经被借走了，所以千位上什么也不必写。

答案：559。

◆ 前一位上的数是 0，必须向更前一位上的数借数的减法。

笔算 1050–753 的方法

①
```
  1050
-  753
------
     7
```
个位上的数 0 不够减 3，必须向十位借 1，即 10–3=7。

②
```
  1050
-  753
------
     7
```
十位上的数 4 也不够减 5，必须向百位借 1，但是百位上的数是 0，所以必须再向千位借 1。

③
```
  1050
-  753
------
    97
```
十位上的数 14–5=9。

④
```
  1050
-  753
------
   297
```
百位上的数 9–7=2，千位上的数没有余数，所以千位上什么也不用写。

答案：297。

笔算 1000–635 的方法

①
```
  1000
-  635
------
```
百位上的数 0 不够减 6，必须向千位借 1。

②
```
  1000
-  635
------
```
十位上的数 0 也必须向百位借 1。

③
```
  1000
-  635
------
     5
```
个位上的数 0 向十位数借 1，即 10–5=5。

④
```
  1000
-  635
------
   365
```
十位上的数 9–3=6，百位上的数 9–6=3，千位数 1 已被借走剩下 0，所以千位上不必写。

答案：365。

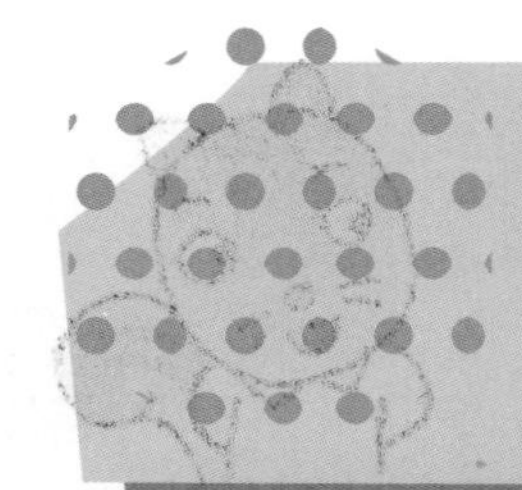

巩固与拓展 1

整 理

1. 加法的运算

245+492 的计算方法。

把两个加数写成竖式，相同的数位要对齐，然后从个位开始计算。

$$\begin{array}{r} 245 \\ +\ 492 \\ \hline \end{array} \rightarrow \begin{array}{r} 245 \\ +\ 492 \\ \hline 7 \end{array} \rightarrow \begin{array}{r} 245 \\ +\ 4\overset{}{9}2 \\ \hline 37 \end{array} \rightarrow \begin{array}{r} 245 \\ +\ 492 \\ \hline 737 \end{array}$$

如果相加后是两位数，就要满 10 进 1，就是把本位上的 10 转变为高一位上的 1。

验算：把和与其中一个加数相减，看一看是不是等于另一个加数。

验算

$$\begin{array}{r} \dot{7}37 \\ -\ 245 \\ \hline 492 \end{array}$$

试一试，来做题。

1. 小明正在做算术题。

右图是小明的算术本。

小明算出来的答案对不对？

对的在（　　）中画“○”，

错的在（　　）中画“×”。

2. 减法的运算

587−269 的计算方法。

把被减数与减数写成竖式，相同的数位要对齐，然后从个位开始计算。

$$\begin{array}{r}587\\-\ 269\\\hline\end{array}\Rightarrow\begin{array}{r}5\dot{8}7\\-\ 269\\\hline8\end{array}\Rightarrow\begin{array}{r}5\dot{8}7\\-\ 269\\\hline18\end{array}\Rightarrow\begin{array}{r}587\\-\ 269\\\hline318\end{array}$$

不够减时，从高一位的数位借 1 当作 10，再与减数相减。

验算：把差与减数相加，看一看是不是等于被减数。

$$\begin{array}{r}318\\+\ 269\\\hline587\end{array}$$

3. 三个数的运算

415−97+116

$$\begin{array}{r}\dot{4}\dot{1}5\\-\ \ 97\\\hline318\end{array}\qquad\begin{array}{r}318\\+\ 116\\\hline434\end{array}$$

43+29+160

$$\begin{array}{r}43\\29\\+\ 160\\\hline232\end{array}$$

$$① \begin{array}{r}43\\+\ 57\\\hline90\end{array}(\quad)\qquad ② \begin{array}{r}89\\-\ 65\\\hline24\end{array}(\quad)\qquad ③ \begin{array}{r}614\\+\ 179\\\hline793\end{array}(\quad)\qquad ④ \begin{array}{r}829\\-\ 745\\\hline124\end{array}(\quad)$$

$$⑤ \begin{array}{r}602\\+\ 398\\\hline1000\end{array}(\quad)\qquad ⑥ \begin{array}{r}238\\+\ 794\\\hline922\end{array}(\quad)\qquad ⑦ \begin{array}{r}403\\-\ 218\\\hline615\end{array}(\quad)\qquad ⑧ \begin{array}{r}612\\-\ 407\\\hline205\end{array}(\quad)$$

答案：① ×； ②○； ③○； ④ ×； ⑤○； ⑥ ×； ⑦ ×； ⑧○。

2. 看一看，答一答。

①买龙虾和乌贼一共花了多少元钱？

算式 [　　　　　　]

答 □ 元

②买章鱼和螃蟹一共花了多少元钱？

算式 [　　　　　　]

答 □ 元

③买龙虾、章鱼和鲤鱼一共花了多少元钱？

算式 [　　　　　　]

答 □ 元

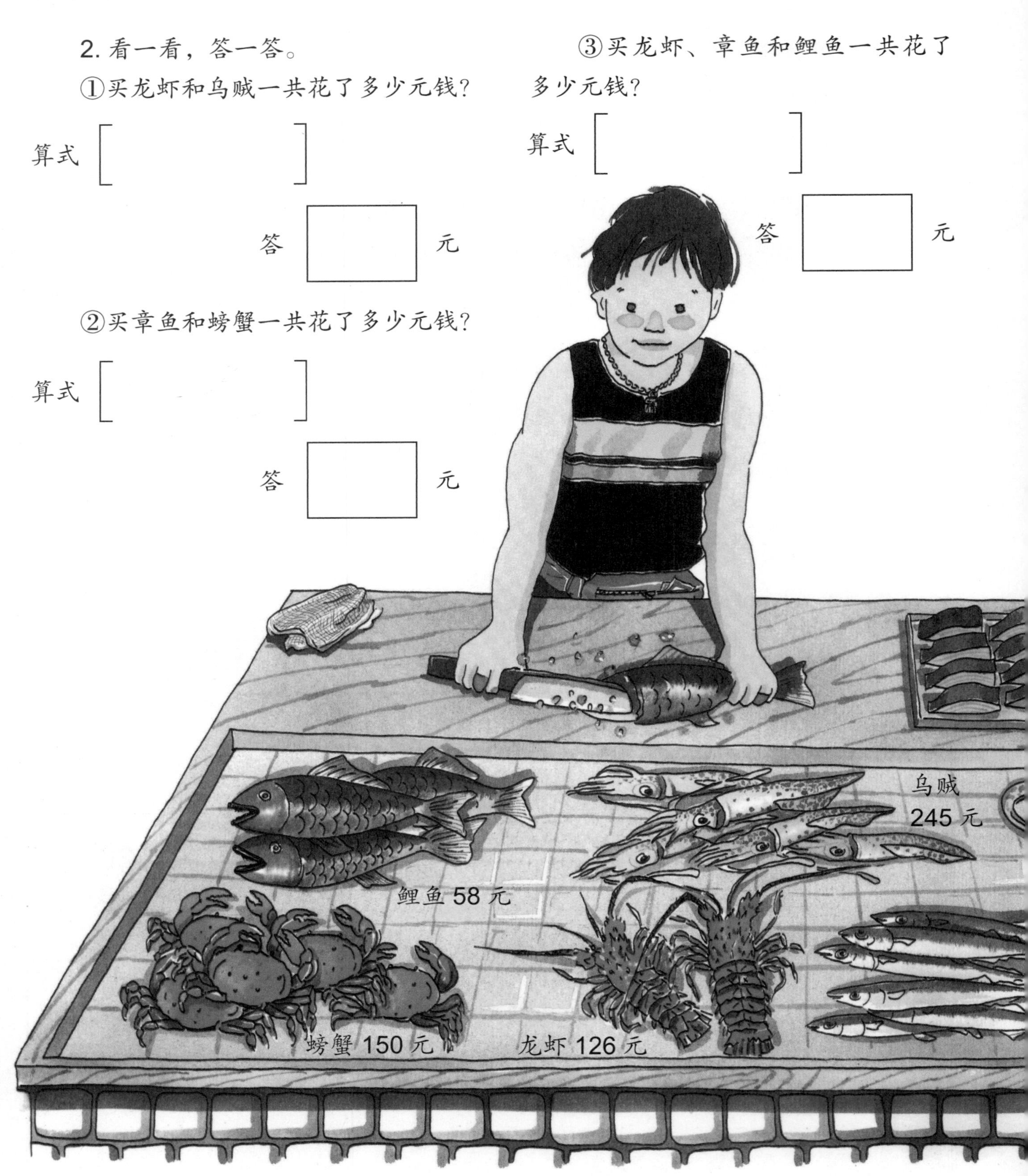

答案：2. ① 126+245=371，371；② 370+150=520，520；③ 126+370+58=554，554；④ 100−58=42，42。

④用 100 元钱买鲤鱼，可以找回多少元钱？

算式［　　　　　　　　］

答［　　］元

3. 计算练习

（1）算一算。

①
$$\begin{array}{r} 28 \\ +\ 67 \\ \hline \end{array}$$

②
$$\begin{array}{r} 64 \\ +\ 63 \\ \hline \end{array}$$

③
$$\begin{array}{r} 99 \\ +\ 32 \\ \hline \end{array}$$

④
$$\begin{array}{r} 40 \\ -\ 12 \\ \hline \end{array}$$

⑤
$$\begin{array}{r} 53 \\ -\ 48 \\ \hline \end{array}$$

⑥
$$\begin{array}{r} 143 \\ +\ \ 87 \\ \hline \end{array}$$

⑦
$$\begin{array}{r} 380 \\ +\ 143 \\ \hline \end{array}$$

⑧
$$\begin{array}{r} 314 \\ -\ 158 \\ \hline \end{array}$$

⑨
$$\begin{array}{r} 175 \\ -\ 148 \\ \hline \end{array}$$

（2）在 A ～ F 的算式中找出对应①～⑥的验算式，把号码填在（　）内。

① 41+25=66　（　　）

② 165+239=404　（　　）

③ 845−97=748　（　　）

④ 503+219=722　（　　）

⑤ 377+96=473　（　　）

⑥ 410−187=223　（　　）

A.722−219　B.66−25　C.473−96

D.748+97　E.223+187　F.404−239

答案：3.（1）① 95；② 127；③ 131；④ 28；⑤ 5；⑥ 230；⑦ 523；⑧ 156；⑨ 27；（2）① B；② F；③ D；④ A；⑤ C；⑥ E。

解题训练

■ 两个数相加计算总数。

1

二年级有男生 186 人，女生 175 人，请问二年级一共有学生多少人？

◀ 提示 ▶
要注意进 1。

解法　算式是 186+175。计算时要注意进 1 的数位。

$$\begin{array}{r} 186 \\ +\ 175 \\ \hline 361 \end{array}$$

- 个位 6+5=11 ⟶ 十位上的数要加 1。
- 十位 1+8+7=16 ⟶ 百位上的数要加 1。
- 百位 1+1+1=3
- 186+175=361

答：二年级一共有 361 人。

■ 总数分成两个数。

2

学校里一共有 1002 个学生，其中男生 498 人，请问女生有多少人？

◀ 提示 ▶

2 不够减 8，要从前面的位数借 1。怎么借呢？请仔细想一想。

解法　算式是 1002−498。计算时要注意借 1 的数位。

千位上的数借 1 给百位上的数，千位上的数剩下 0。百位上的数再借 1 给十位上的数，百位上的数剩下 9。十位上的数借 1 给个位上的数，十位上的数剩下 9。

```
  0 9 912
   1002
-   498
-------
    504
```

- 个位 12−8=4　个位上的数的计算
- 十位 9−9=0　十位上的数的计算
- 百位 9−4=5　百位上的数的计算
- 千位上的数剩下 0，不必写。

1002−498=504　　答：女生有 504 人。

■ 总数减去一个数，看一看剩下多少。

3

小玉有 1055 元钱，买东西花了 785 元钱，请问小玉还剩下多少元钱？

◀ 提示 ▶

从千位上借 1。

解法　算式是 1055−785。按照第 29 页整理 2 的计算方法计算十位上的数，从前面的数位借 1 当作 10。

1055−785=270　　答：小玉还剩下 270 元钱。

加强练习

1 小明全家人到海边捡贝壳。

下表是每个人捡到的贝壳数量。

捡到的贝壳数量

全家人	爸爸	妈妈	小明	妹妹
贝壳数量	356	173	213	

①爸爸和妈妈一共捡了多少个贝壳？

算式［　　　　　　　　　　］　答：□个

②小明比妹妹多捡了 115 个贝壳，妹妹捡了多少个贝壳？

算式［　　　　　　　　　　］　答：□个

解答和说明

1 ① 用 356 + 173 的式子算出答案。注意十位上的数相加要进 1。

356 + 173 = 529　　　　答：529 个。

② 妹妹捡的贝壳比小明捡的贝壳少 115 个。

213 − 115 = 98　　　　答：98 个。

③小明全家人一共捡了多少个贝壳?

算式[ ] 答: □ 个

2 小玉和朋友一起玩折纸的游戏。

①他们昨天折了 369 只小鸟，今天又折了 272 只小鸟。

他们今天和昨天一共折了多少只小鸟?

算式[ ] 答: □ 只

②如果全部要折 1000 只小鸟，还差多少只小鸟?

算式[ ] 答: □ 只

3 小明拿 900 元钱去买东西。

他买了一本书，还剩下 275 元钱，请问，小明买书花了多少元钱?

如何饲养小动物

算式[ ] 答: □ 元

③把全部贝壳相加。356 + 173 + 213 + 98 = 840 答: 840 个。

2 ①相加后是 369 + 272 = 641。 答: 641 只。

②全部要折 1000 只小鸟，已经折了 641 只小鸟，即从 1000 减去 641。

1000 − 641 = 359 答: 359 只。

3 从 900 元减去 275 元就是买书花的钱。

900 − 275 = 625 答: 625 元。

巩固与拓展 2

试一试，来做题。

1. 小英和爸爸、妈妈、弟弟一起参观展览会。

①今天参观展览会的男性观众有 483 人，女性观众有 477 人，请问，一共有多少人到展览会参观？

算式［　　　　　　　　　　］　答 □ 人

2 计算练习

（1）在□中填上正确的数。

① 5300=5000+□　　② 8100=□−900

③ 7100−5000=□　　④ 2500+600=□

答案：1. ① 483+477=960，960；② 150+105=255，255；③ 500−255=245，245。

②参观展览会后，小英和弟弟到玩具店买玩具。小英买的玩具是150元钱，弟弟买的玩具是105元钱，他们一共消费多少元钱？

算式［　　　　　　　　　　］　答 □ 元

③付出500元买玩具，还可以找回多少元钱？

算式［　　　　　　　　　　］　答 □ 元

（2）算一算。

① $\begin{array}{r} 4025 \\ +\ 2674 \\ \hline \end{array}$　② $\begin{array}{r} 8729 \\ -\ 6623 \\ \hline \end{array}$　③ $\begin{array}{r} 875 \\ +\ 987 \\ \hline \end{array}$　④ $\begin{array}{r} 7025 \\ 1801 \\ +\ 1173 \\ \hline \end{array}$

⑤ $\begin{array}{r} 2013 \\ -\ 819 \\ \hline \end{array}$　⑥ $\begin{array}{r} 6179 \\ +\ 2824 \\ \hline \end{array}$　⑦ $\begin{array}{r} 5007 \\ -\ 1287 \\ \hline \end{array}$　⑧ $\begin{array}{r} 6809 \\ +\ 3193 \\ \hline \end{array}$

答案：2.（1）① 300；② 9000；③ 2100；④ 3100。（2）① 6699；② 2106；③ 1862；④ 9999；⑤ 1194；⑥ 9003；⑦ 3720；⑧ 10002。

解题训练

■ 想一想，比1000大的数要怎么对齐数位呢？

1

有一沓1000张的纸和一沓750张的纸。

①一共有多少张纸？

②用掉895张纸，还剩多少张纸？

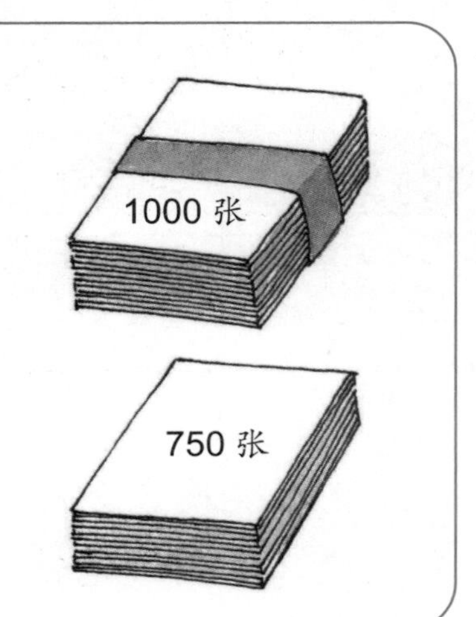

◀提示▶

第②题要注意不够减时，要向高位借1的有哪些数位。

解法　①用加法计算纸张的总数。

1000+750=1750　　答：一共有1750张纸。

②从1750减去895。注意，借1一共要借位3次。

$$\begin{array}{r} \dot{1}\dot{7}\dot{5}0 \\ -\ 895 \\ \hline 855 \end{array}$$

答：还剩855张纸。

■ 把比1000大的数填在表格里。

2

永安小学有男生5802人，女生2799人，一共有多少名学生？

学生的人数

男	5802人
女	2799人

◀ 提示 ▶

注意，进 1 一共要进 3 次。

解法　利用加法计算全部的人数。算式是 5802+2799。计算时不要忘记加上进位的 1。

$$\begin{array}{r} 5802 \\ +\ 2\overset{}{7}99 \\ \hline 8601 \end{array}$$

答：一共有 8601 名学生。

■ 被减数有许多 0 的减法练习。

3

拿 500 元买一个 378 元的棒球手套，还剩多少元钱？

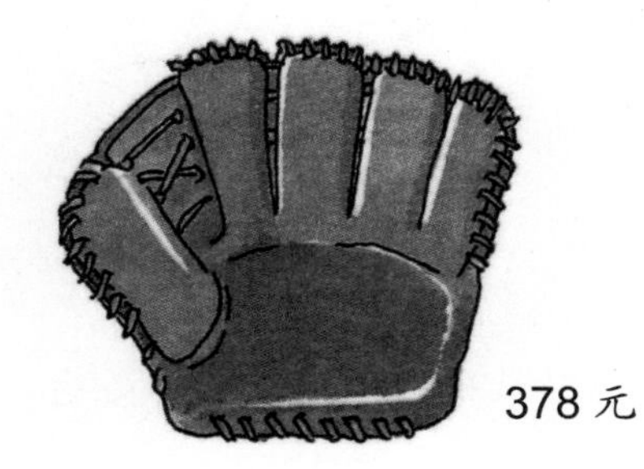

◀ 提示 ▶

从百位借 1，

$$\begin{array}{r} 500 \\ -\ 378 \\ \hline \end{array} \qquad \begin{array}{r} 4\,9\,\textcircled{10} \\ -\ 3\,7\,8 \\ \hline \end{array}$$

解法　从 500 元减去 378 元就是应该剩的钱。

500−378=122　　　答：还剩 122 元。

■ 验算：从减数和差可以求出被减数。

4

甲组学生一学期使用 492 张图画纸，现在还剩 308 张图画纸。原来有多少张图画纸？

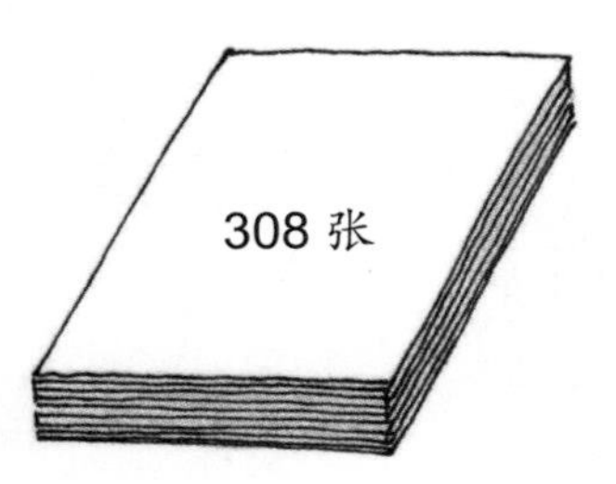

◀ 提示 ▶

求原来的总数，可不是用减法哦，想一想是为什么呢？

解法　把使用的纸的张数加上剩下的纸的张数，便是原来的纸的张数。注意，进 1 一共要进 2 次。

492+308=800　　　答：原来有 800 张图画纸。

加强练习

1. 池子里有鲤鱼和鲫鱼，鲤鱼有 392 条，鲫鱼比鲤鱼多 97 条，请问池子里一共有多少条鱼？

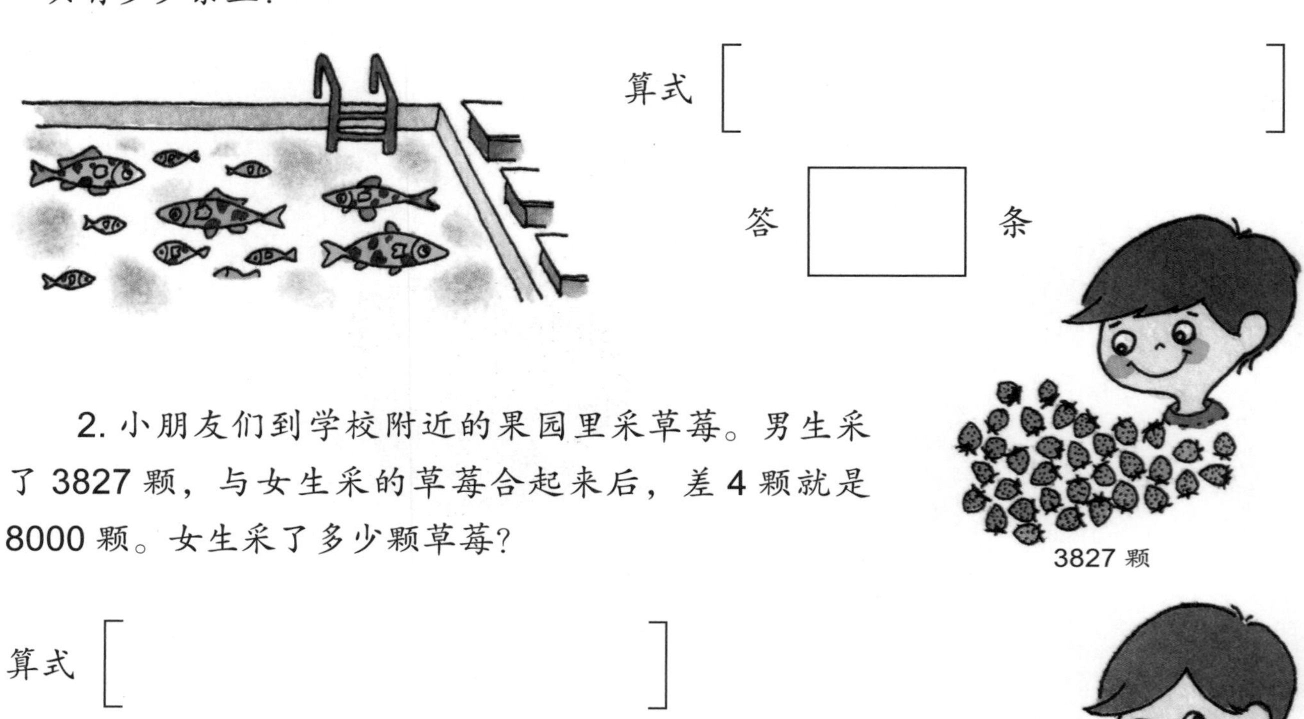

算式 [　　　　　　　　]

答 □ 条

2. 小朋友们到学校附近的果园里采草莓。男生采了 3827 颗，与女生采的草莓合起来后，差 4 颗就是 8000 颗。女生采了多少颗草莓？

算式 [　　　　　　　　]

答 □ 颗

解答和说明

1. 先计算鲫鱼的数量 392+97=489，
鲤鱼和鲫鱼的总和是 392+489=881。　答：一共有 881 条鱼。

2. 男生和女生采的草莓总数量是 8000−4=7996，
女生采的草莓数量是 7996−3827=4169。　答：女生采了 4169 颗草莓。

3. 运动鞋的标价是 350 元，比帽子贵 275 元。请问，帽子的标价是多少元？

算式 [ ]　　答 □ 元

4. 小华拿了 500 元去买东西。

他先到书店买了 130 元的书和 25 元的杂志。后来又到文具店买了 5 个本子，每个本子的价格是 10 元。

算一算，小华一共花了多少元钱？

算式 [ ]　　答 □ 元

3. 帽子的标价比运动鞋的标价少 275 元。

帽子的标价是 350−275=75。　　答：帽子的标价是 75 元。

4. 买 5 个 10 元的本子，一共花 50 元。把 130 元、25 元和 50 元加起来。注意 500 元是多余条件。小华一共花钱为：130+25+50=205。　　答：小华一共花了 205 元。

步印童书馆

步印童书馆 编著

北京市数学特级教师 丁益祥
北京市数学特级教师 司梁
『卢说数学』主理人 卢声怡
联袂力荐

小牛顿数学分级读物

第二阶 4 图形 图表

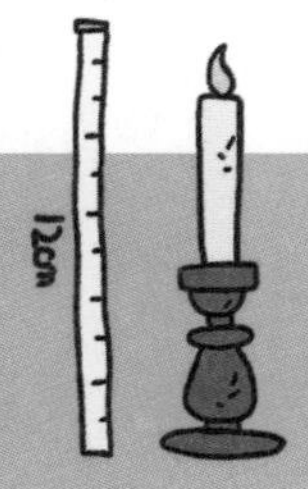

中国儿童的数学分级读物
培养有创造力的数学思维
讲透原理 → 系统进阶 → 思维转换

電子工業出版社
Publishing House of Electronics Industry
北京·BEIJING

图书在版编目（CIP）数据

小牛顿数学分级读物. 第二阶. 4, 图形　图表 / 步印童书馆编著. -- 北京 : 电子工业出版社, 2024.6
ISBN 978-7-121-47627-3
Ⅰ. ①小… Ⅱ. ①步… Ⅲ. ①数学 - 少儿读物 Ⅳ. ①O1-49
中国国家版本馆CIP数据核字(2024)第068799号

特别鸣谢本书组稿策划人郑利强先生。

责任编辑：赵　妍　季　萌
印　　刷：当纳利（广东）印务有限公司
装　　订：当纳利（广东）印务有限公司
出版发行：电子工业出版社
　　　　　北京市海淀区万寿路173信箱　邮编：100036
开　　本：889×1194　1/16　印张：12　字数：242.4千字
版　　次：2024年6月第1版
印　　次：2024年6月第1次印刷
定　　价：80.00元（全4册）

凡所购买电子工业出版社图书有缺损问题，请向购买书店调换。若书店售缺，请与本社发行部联系，联系及邮购电话：（010）88254888，88258888。
质量投诉请发邮件至zlts@phei.com.cn，盗版侵权举报请发邮件至dbqq@phei.com.cn。
本书咨询联系方式：（010）88254161转1860，jimeng@phei.com.cn。

目录

各种图形

三角形和四边形

各种三角形和四边形

今天要在童话学校玩溜冰。

◉ 三角形、四边形

学习重点

①数一数组成形状的边与顶点的数量。
②观察边的排列特点。

想一想，裂开的冰，它的形状是由几条直线所围成，把它分开算一算。

◆ 从日常物品中，找出表面形状为三角形与四边形的物品。

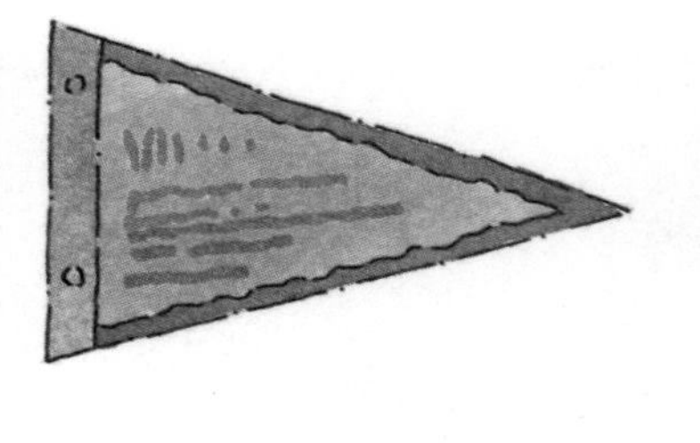

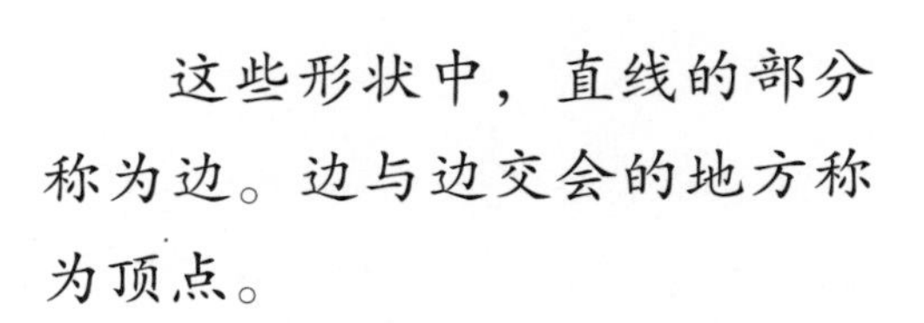

这些形状中，直线的部分称为边。边与边交会的地方称为顶点。

找一找，上面各种形状的边和顶点在哪里？

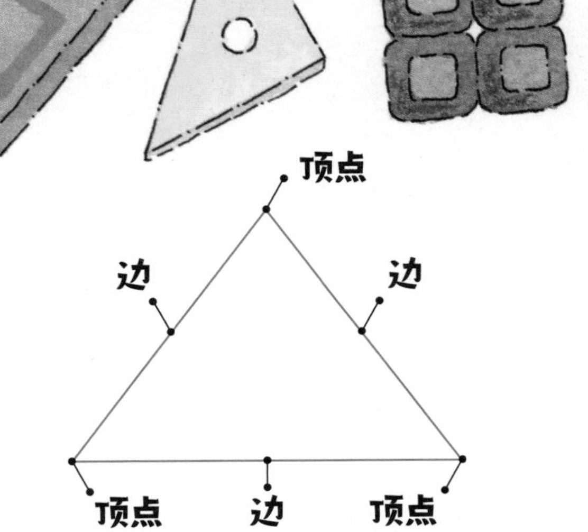

◆ 这次溜冰后的痕迹全部都是四边形。把它们分开看一看。

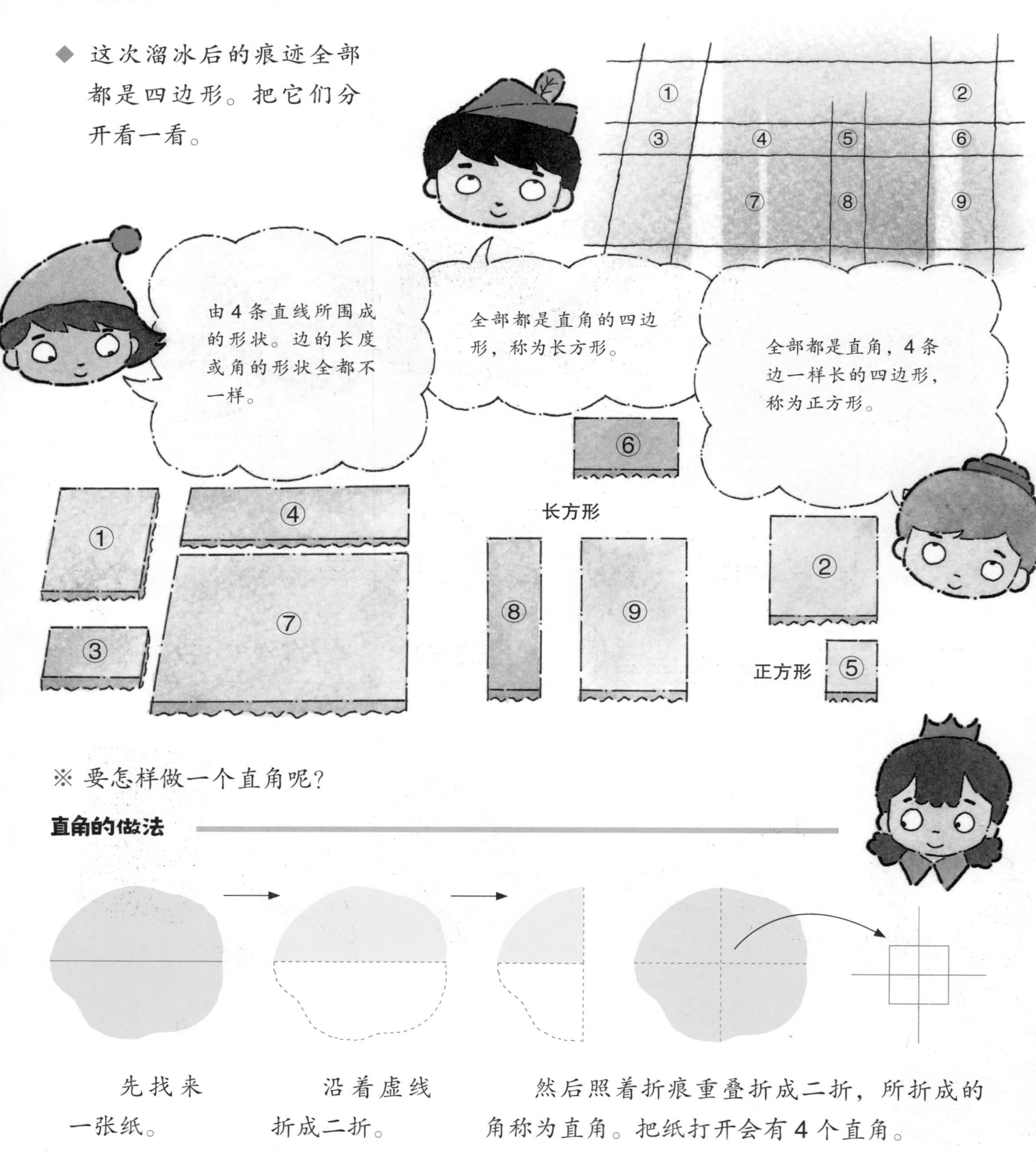

※ 要怎样做一个直角呢？

直角的做法

先找来一张纸。

沿着虚线折成二折。

然后照着折痕重叠折成二折，所折成的角称为直角。把纸打开会有4个直角。

◆ 想一想正方形的做法。

◆ 做一个正方形。照下面的方法，
很容易做出正方形。

准备一张长方形的纸。

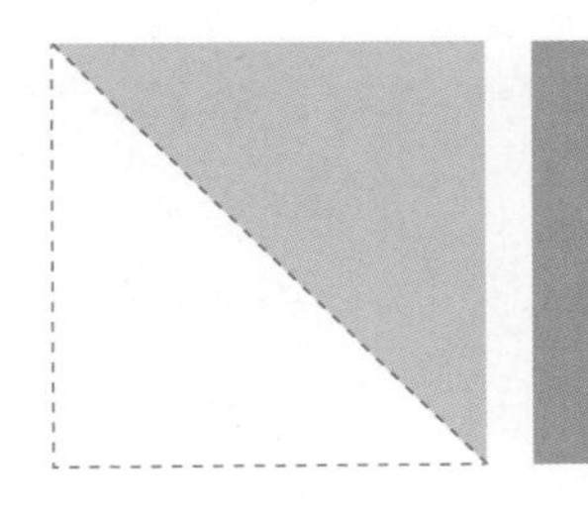

较短的一边向较长的一边折齐。

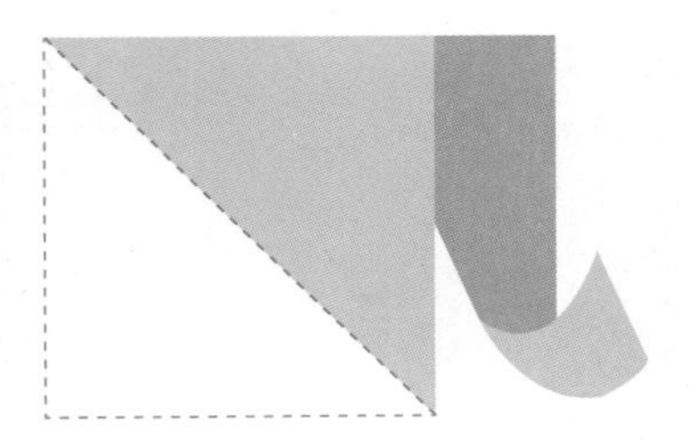

把剩余的部分剪掉。

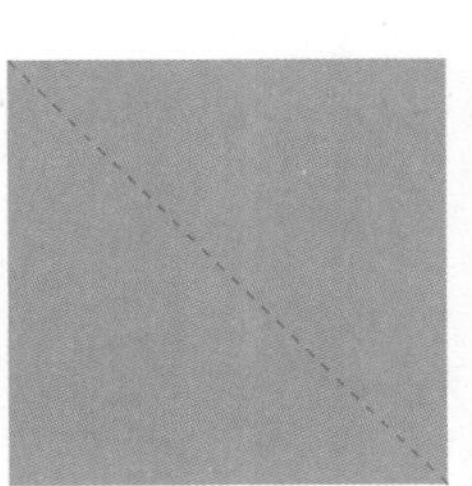

打开纸就是一个正方形。

直角三角形

◆ 现在要学习的是直角三角形。

● **画图形。**

想好顶点的数量与顶点的位置，然后与下面的点连起来，就能画出各种形状。

※ 如下图所示，沿着虚线斜剪的话，会各有两个其中一个角是直角的三角形。这种三角形称为直角三角形。

● **巧用两个直角三角形**

利用从长方形剪下来的两个直角三角形拼出一个三角形。

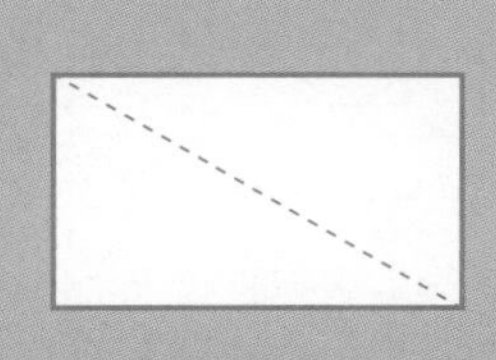

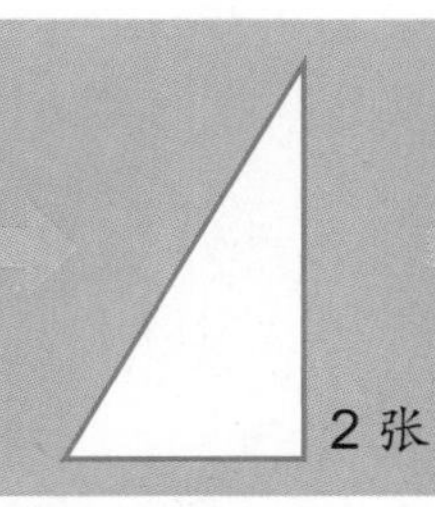

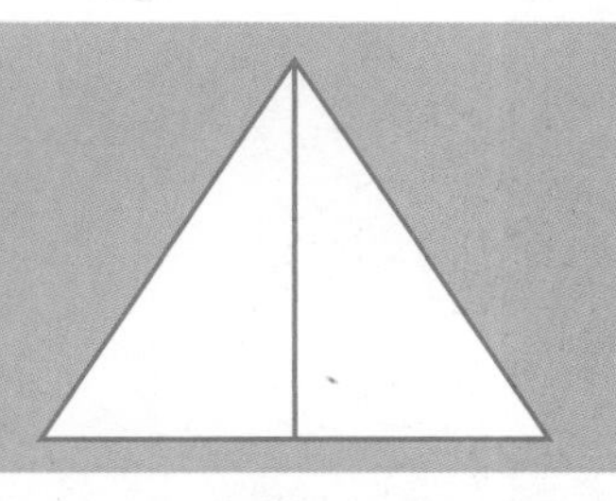

利用从正方形剪下来的两个直角三角形拼出一个三角形。

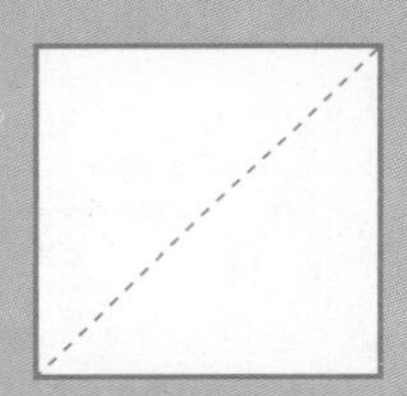

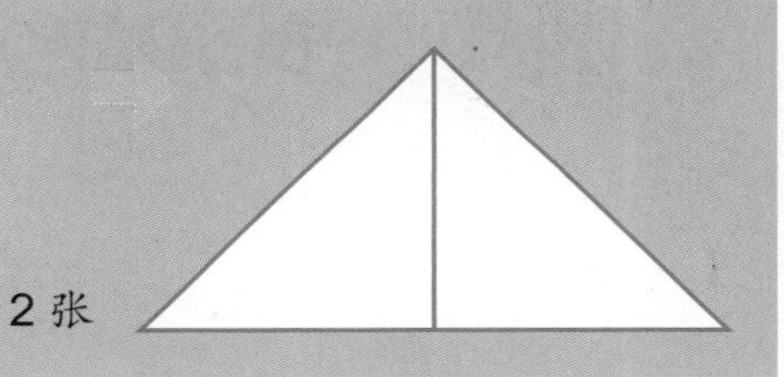

整　理

（1）长方形的对边分别相等。正方形的四条边都相等。长方形和正方形的四个角都是直角。

（2）有一个角是直角的三角形称为直角三角形。

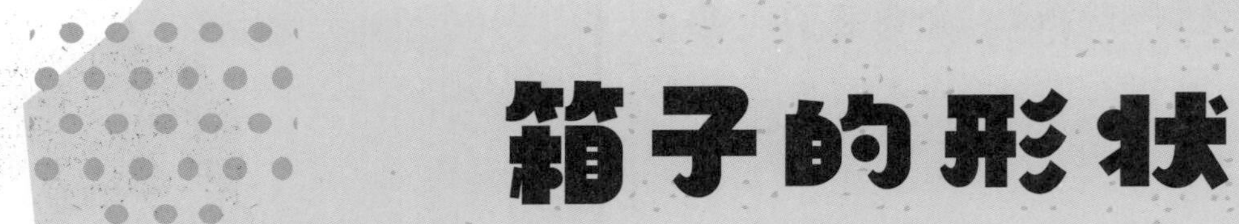

箱子的形状

◉ 面、边、顶点

因为遇到了暴风雨，海盗船上的许多各种形状的箱子落入海中后，漂流到小岛上。

学习重点

①数一数箱子的面、边还有顶点。

②了解面的形状与数量、边的排列方法，以及它的长度和顶点的数量。

是不是5个面?

※ 箱子的四周与其他物体隔开的表面称为面。

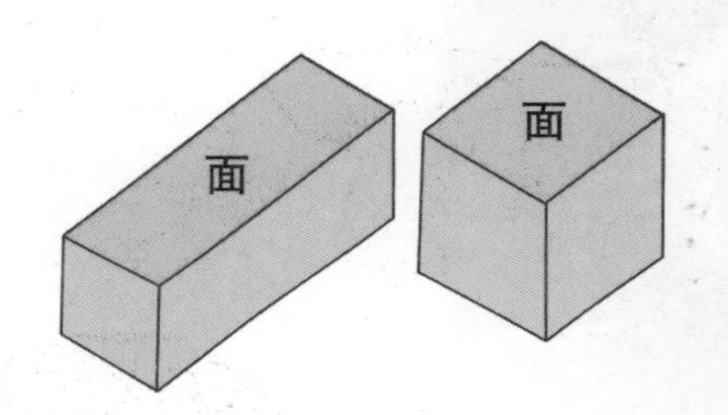

还有看不见的地方啊，对了，是6个面。上面、下面、前面、后面、左面、右面。

◆ 查一查箱子的边与顶点。

不错。用四边形的面去想就很简单了。这里是边。

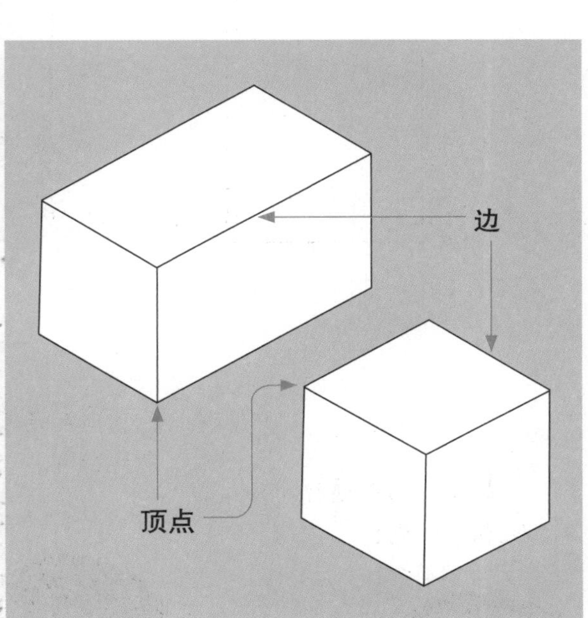

看上图，记住它的边与顶点。

◉ 打开的形状

大家偷偷地把箱子拆开。

◆ 拆开箱子，看一看它是由什么样的面组成的。

◆ 右边甲、乙两个箱子打开后会和下图的②、①一样。

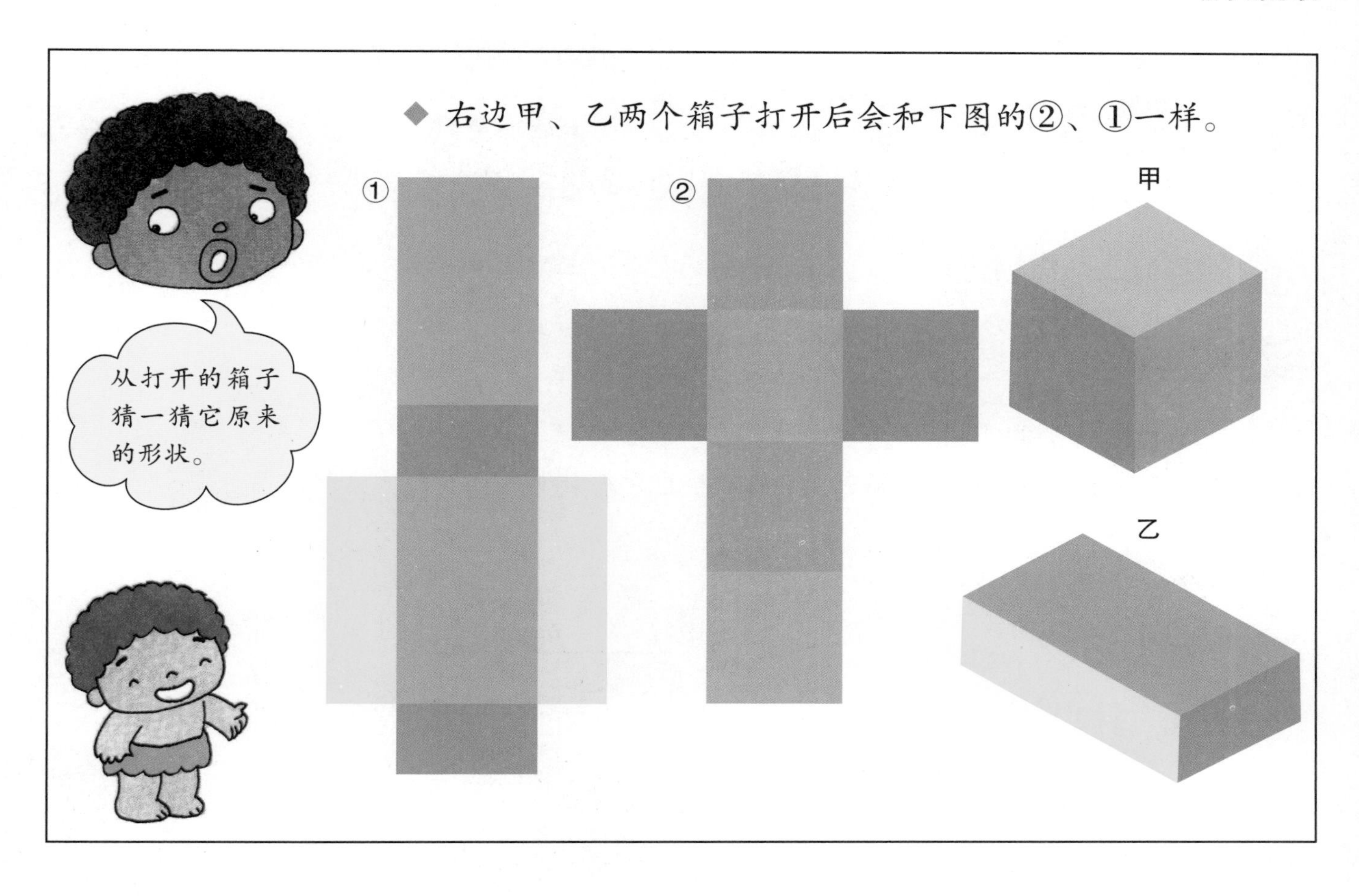

◆ 利用竹签和黏土，做出各种形状的物品。

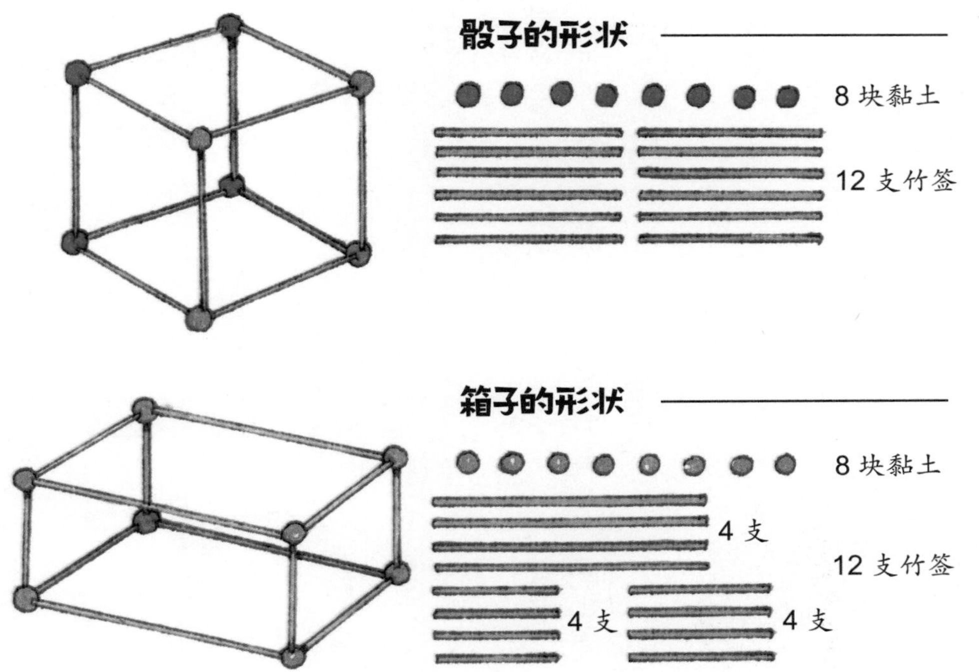

黏土跟顶点的数量一样。竹签跟边的数量一样。所有竹签的长度都一样。

黏土跟顶点的数量一样。竹签跟边的数量一样。3 种不一样长度的竹签各 4 支。有 3 个 4，就是 4×3 = 12 根。

巩固与拓展

整 理

1. 骰子和箱子的形状

（1）骰子的形状是由6面同样大小的正方形构成的。

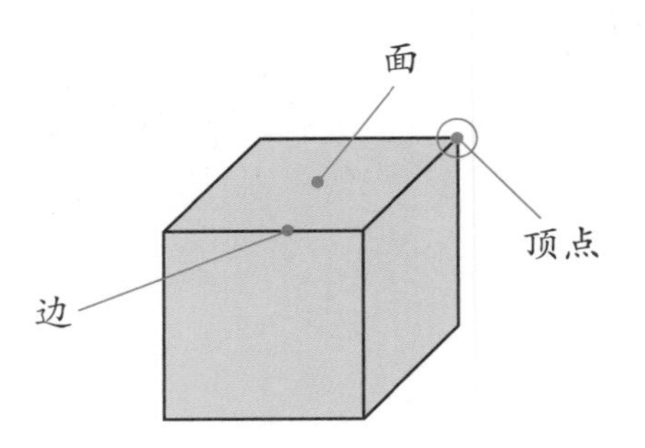

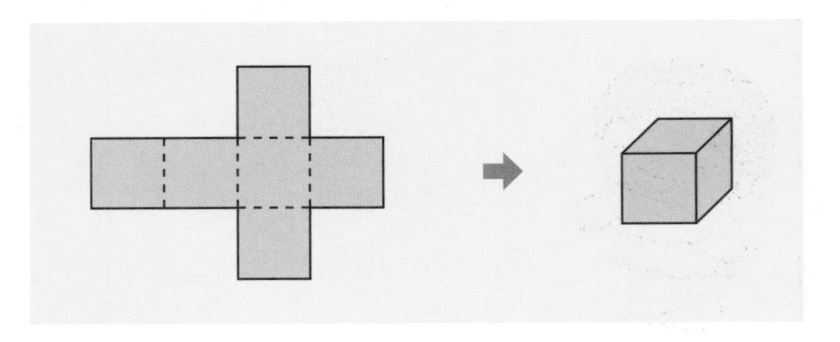

（2）箱子的形状是由3组长方形的面构成的，每组有两个完全相同的长方形。

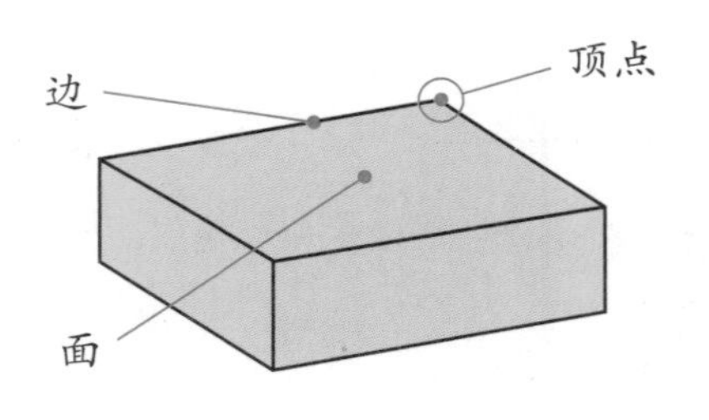

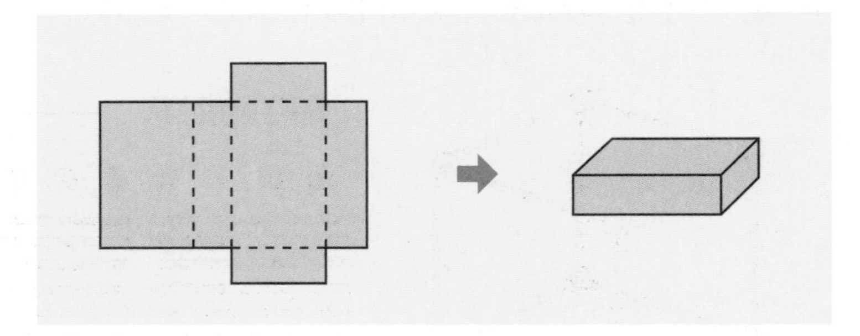

2. 直角

（1）右图的三角板最大的角是直角。

（2）把纸折叠起来也可以做出直角。

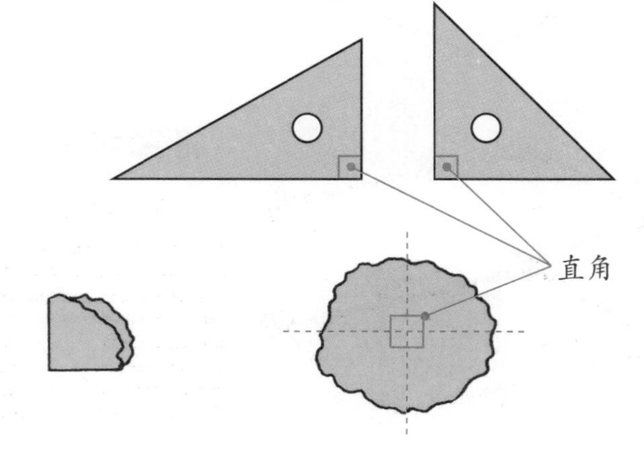

3. 三角形

（1）由三条线段首尾顺次连接所组成的封闭图形称为三角形。

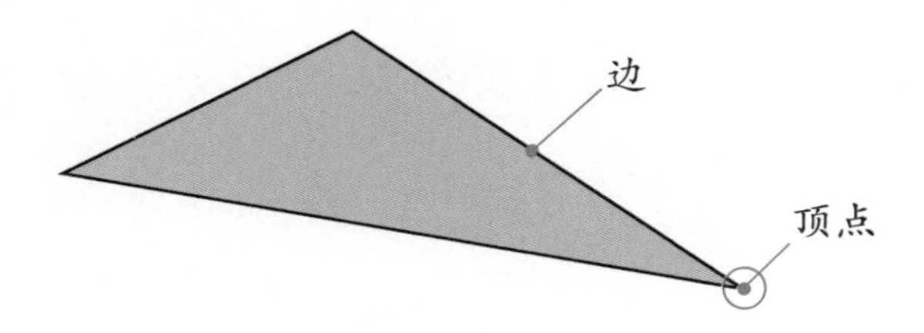

（2）有一个角是直角的三角形称为直角三角形。

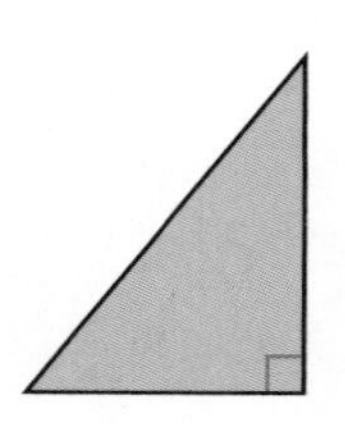
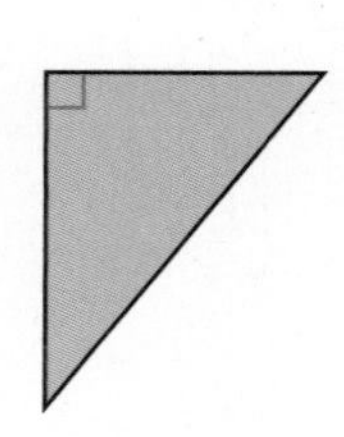
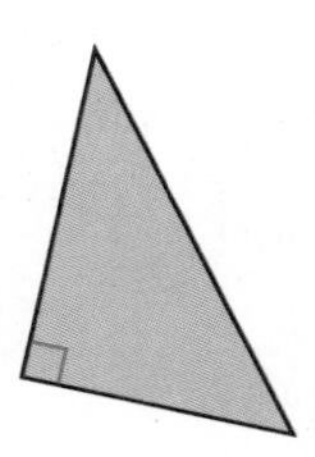

4. 四边形

（1）由四条线段首尾顺次连接所组成的封闭图形称为四边形。

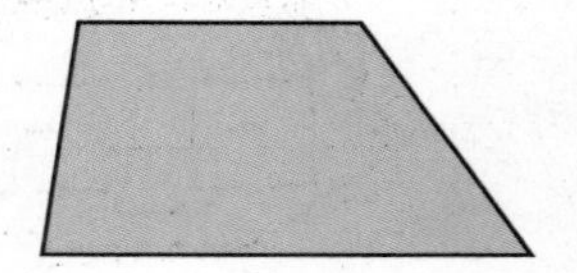
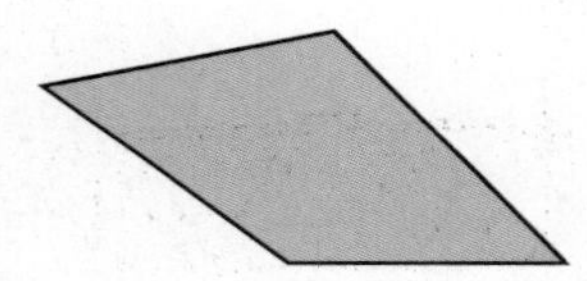
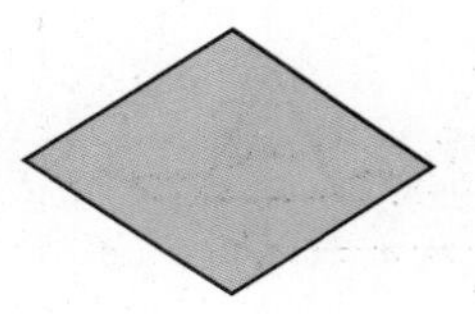

（2）四个角都是直角的四边形称为长方形。

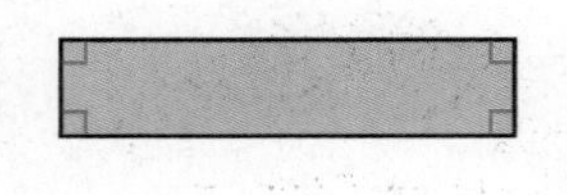
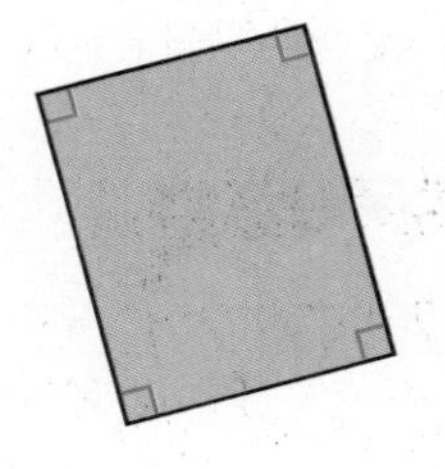

（3）四个角都是直角，而且四条边的长度都相同的四边形称为正方形。

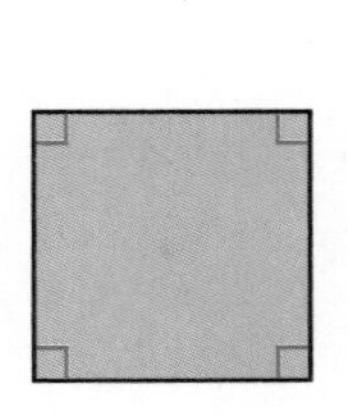
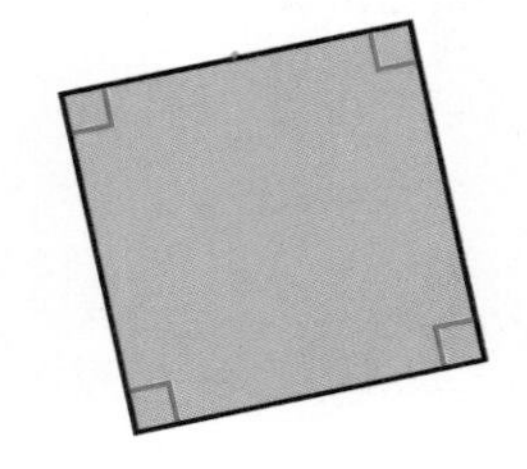

试一试，来做题。

1. 下面 6 个人当中，有一个人做的煎饼又脆又香又好吃。根据他的话猜一猜，这个人是谁？把编号写下来。

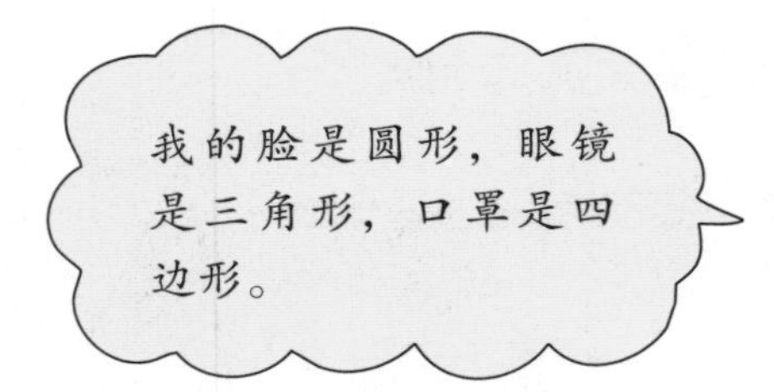

答 ☐ 号

答案：1 号。

2. 下面有许多不同形状的煎饼。看看图，答一答。

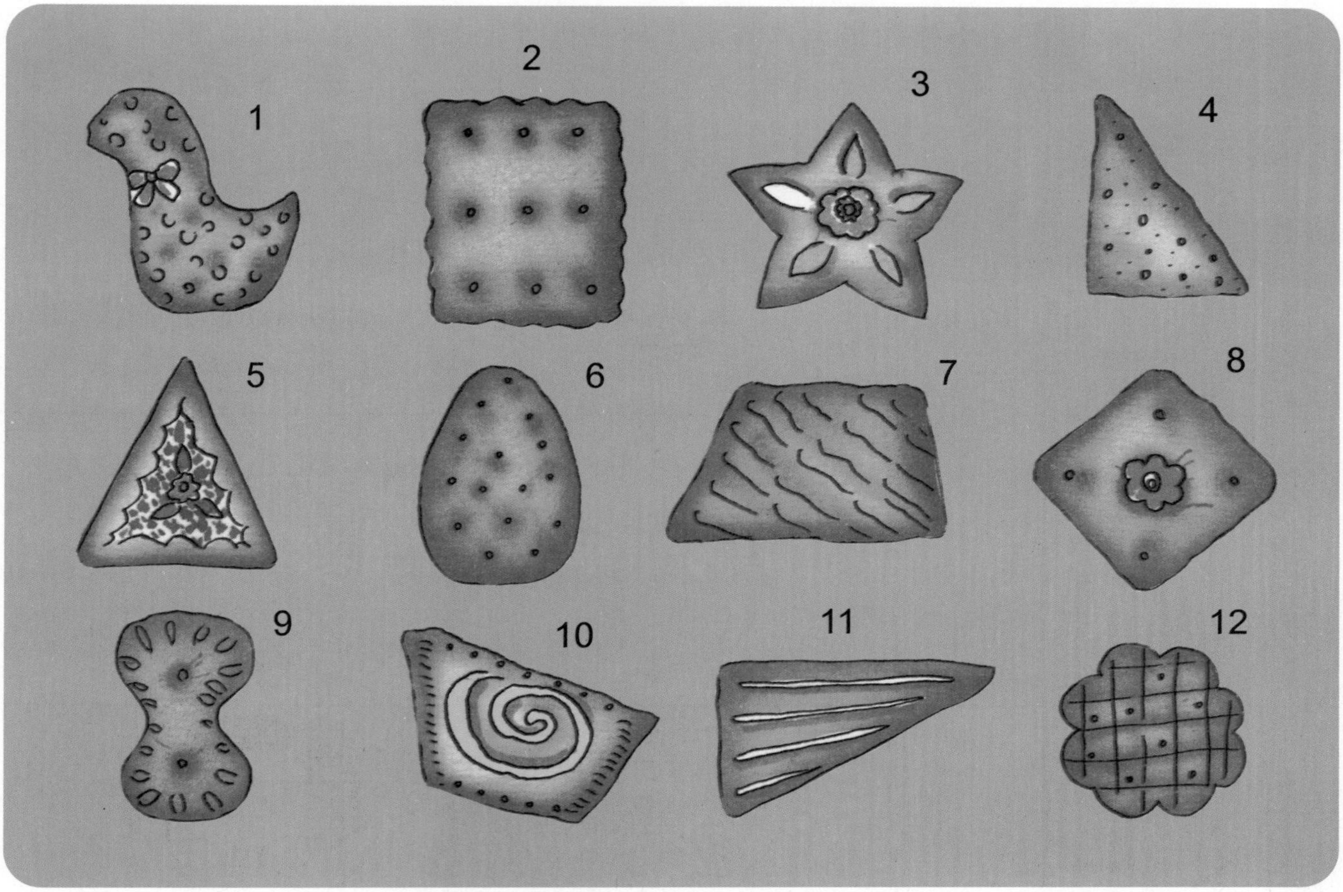

1 2 3 4 5 6 7 8 9 10 11 12

①哪些煎饼带有直角？把编号写下来。 （　　　　　　）

②哪些煎饼是四边形？把编号写下来。 （　　　　　　）

③ 8 号煎饼是什么形状？ （　　　　　　）

④哪些煎饼是三角形？ （　　　　　　）

答案：2. ① 2、4、8、11；② 2、7、8、10；③正方形；④ 4、5、11。

3. 小英和小朋友们一起制作垃圾桶。

（1）下图是每个垃圾桶从正上方和侧面所看到的形状。

选一选，把小英、小华和小玉做的垃圾桶找出来，将编号填在□里。

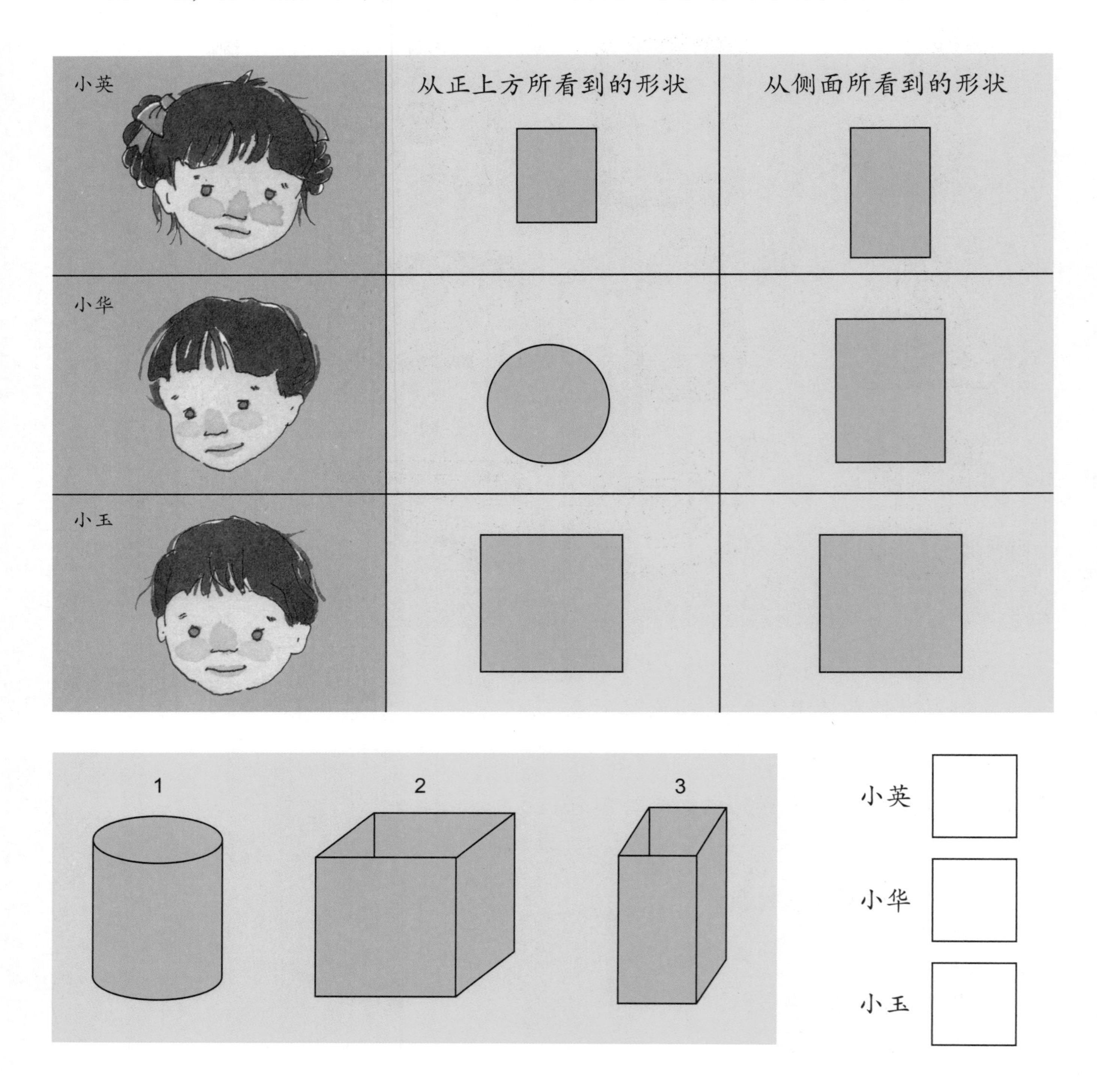

答案：3.（1）小英 3、小华 1、小玉 2。

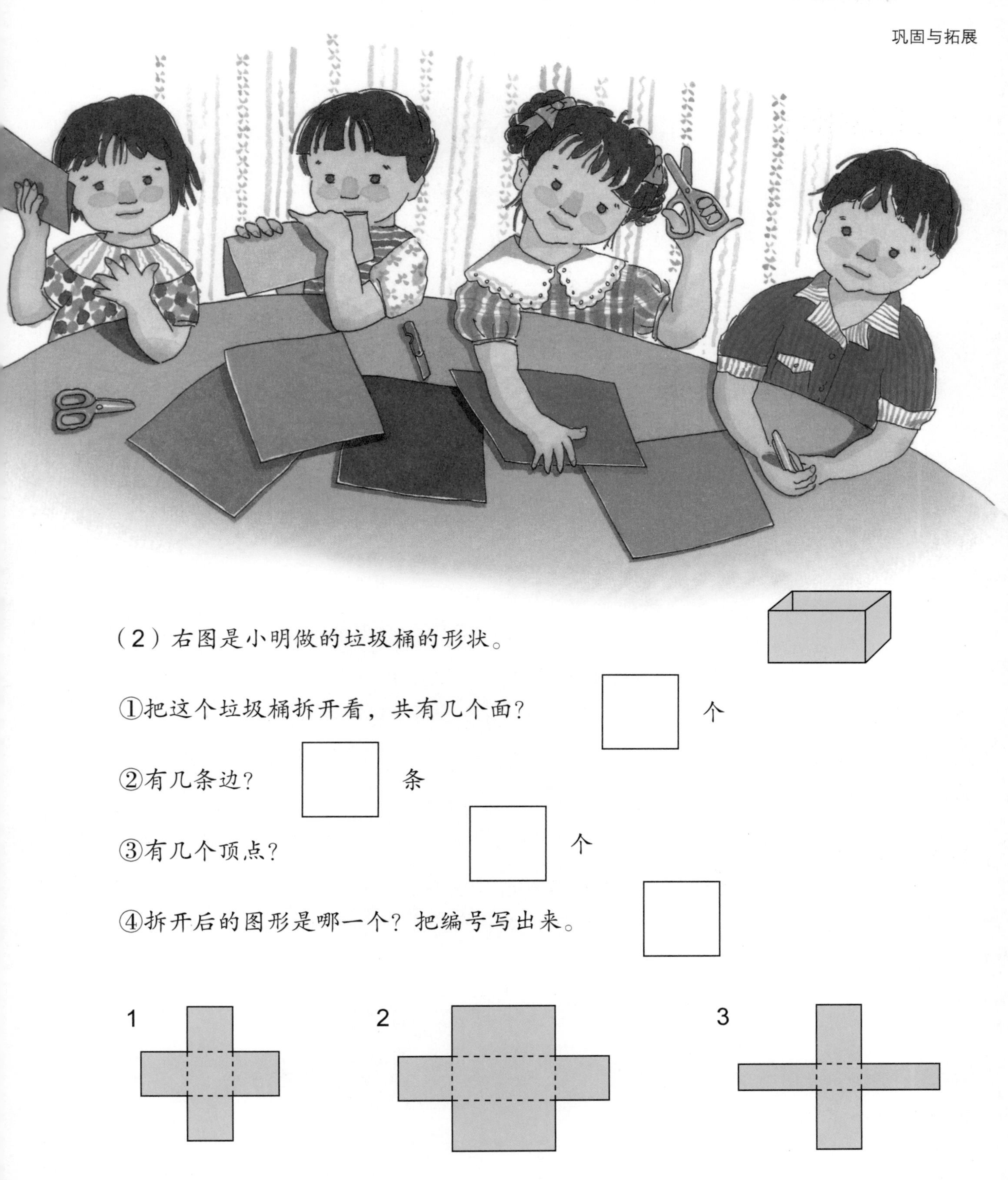

（2）右图是小明做的垃圾桶的形状。

①把这个垃圾桶拆开看，共有几个面？ □ 个

②有几条边？ □ 条

③有几个顶点？ □ 个

④拆开后的图形是哪一个？把编号写出来。 □

1　　2　　3

答案：① 5；② 12；③ 8；④ 2。

解题训练

■ 分辨三角形和四边形。

1 下面的图形中，哪些是三角形？哪些是四边形？

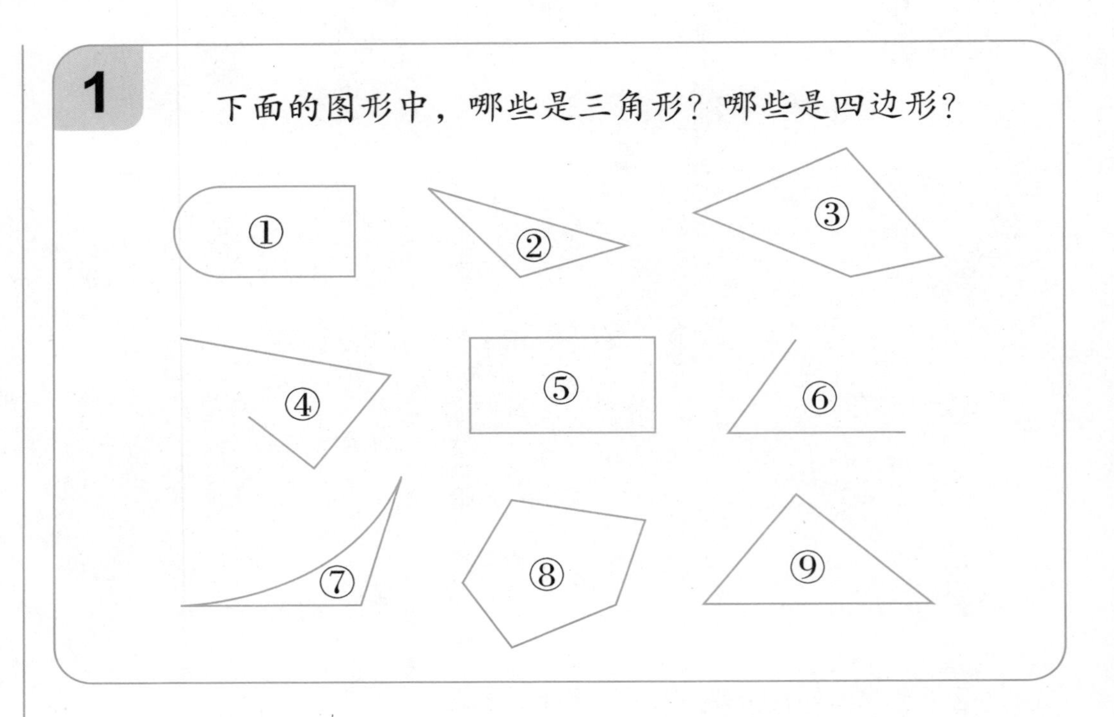

◀ 提示 ▶
想一想分辨三角形和四边形的方法。

解法：三角形有三条边，四边形有四条边。

答：三角形有②、⑨；四边形有③、⑤。

■ 分辨正方形。

2 右图中能数出多少个正方形？

◀ 提示 ▶
其中有大小不同的正方形。

解法：有 4 个 □ 和 1 个  ，共有 5 个。

答：有 5 个正方形。

■ 想一想三角形的顶点数量，并注意每一个角的形状。

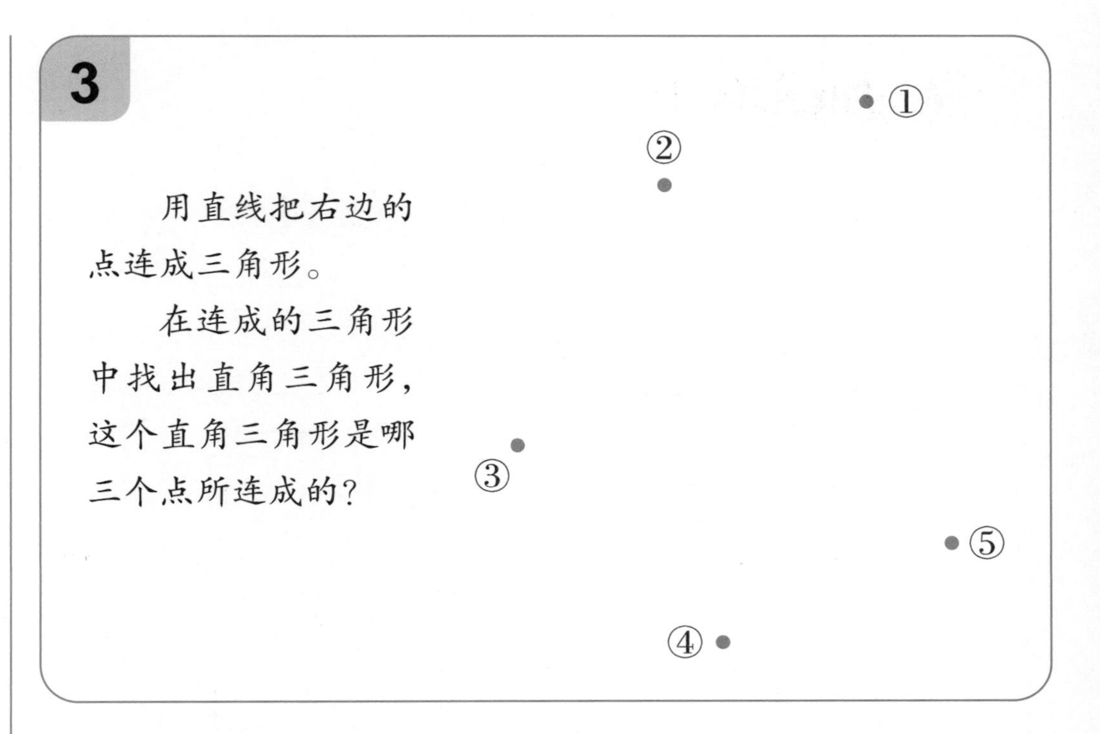

用直线把右边的点连成三角形。

在连成的三角形中找出直角三角形，这个直角三角形是哪三个点所连成的？

◀ 提示 ▶

用三角板上的直角比一比。

解法：先连接各点，画出各种不同的三角形。利用三角板比一比，找出直角三角形。

答：直角三角形是由①、③、④三个点所连成。

■ 想一想箱子形状的特征。

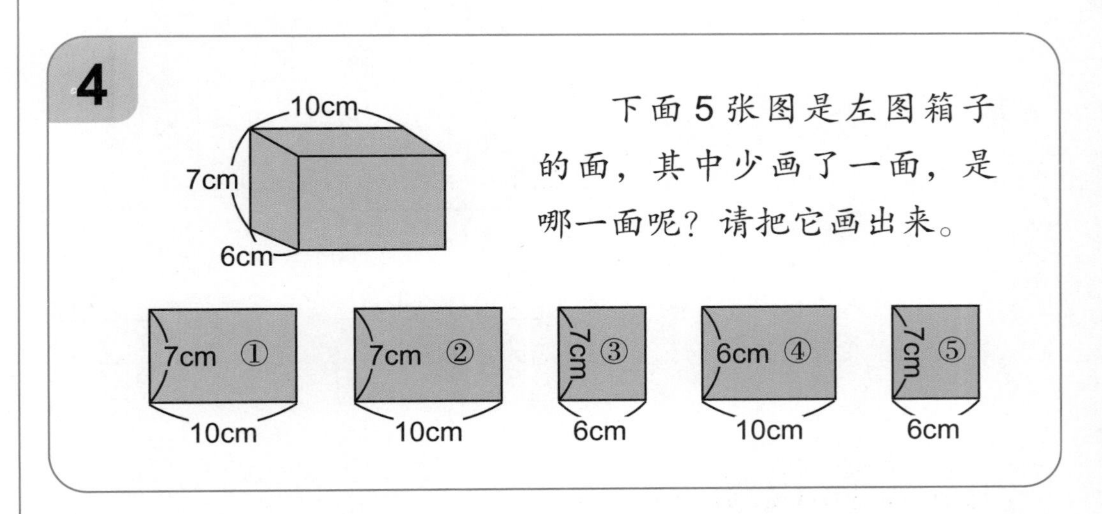

下面 5 张图是左图箱子的面，其中少画了一面，是哪一面呢？请把它画出来。

◀ 提示 ▶

形状相同的面各有 2 个。

解法：①和②、③和⑤都是相同形状的面。④的形状的面少了一个。

答：6cm 10cm

加强练习

1. 右图各能数出几个直角三角形、正方形和长方形？

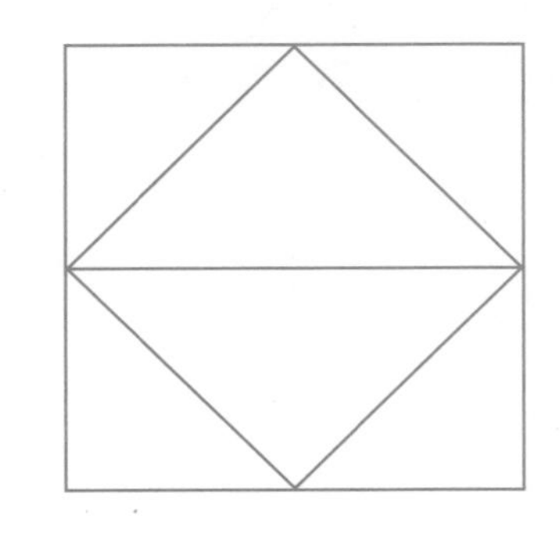

直角三角形 □ 个　　正方形 □ 个

长方形 □ 个

2. 下图为长方形。看看图，答一答。

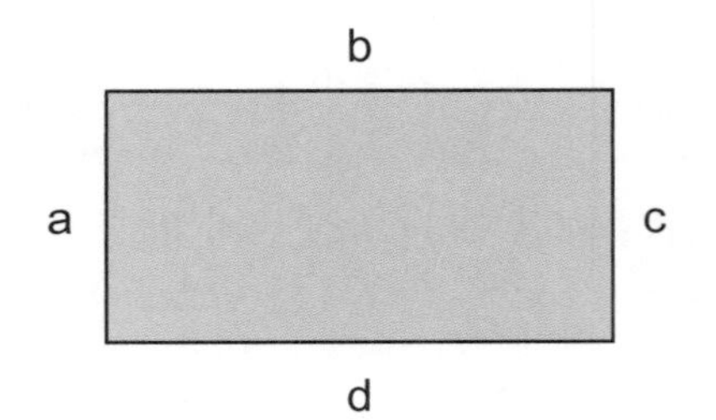

①在每个直角画上"ㄱ"。

②和长度 a 相同的是哪个边？

3. 在□里填上正确的数字或字。

① △的边共有 □ 条，顶点有 □ 个。

② 每个面的形状是 □ ，边共有 □ 条。

解答和说明

1. 有直角三角形 6 个、正方形 2 个、长方形 2 个。

2. ①　　②c

4. 画出长 4 厘米、宽 3 厘米的长方形。

5. 把箱子的每一个面折开来。

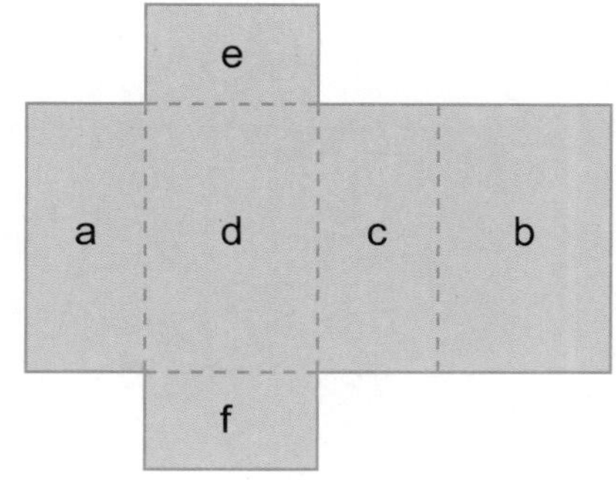

①哪个面和 a 一样大？

②哪个面和 e 一样大？

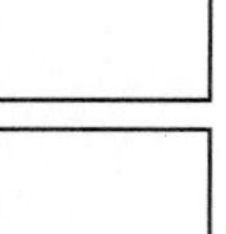

③拆开的箱子折好后会变成下面的哪个形状？在正确的答案上画“○”。

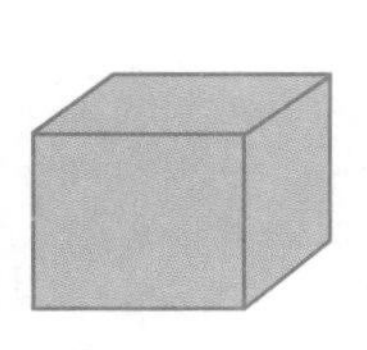

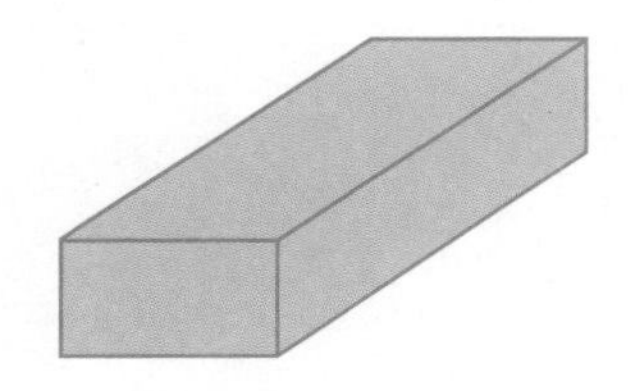

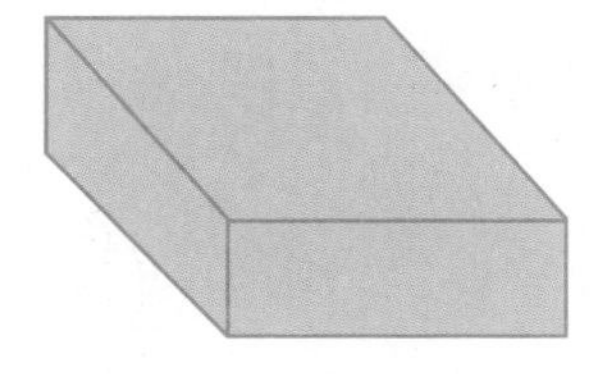

3. ① 3、3；②正方形、12。

4.

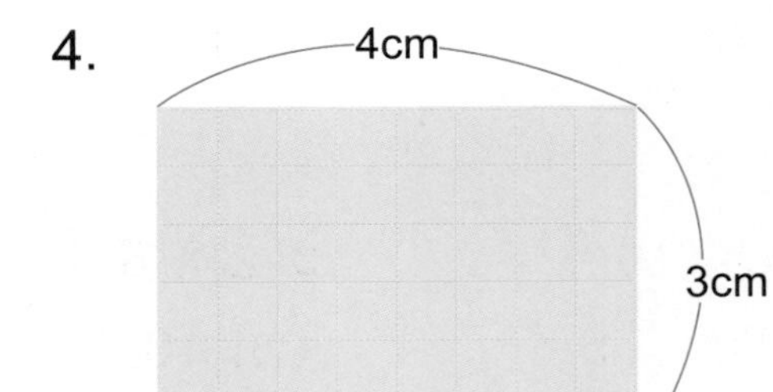

5. ① c；② f；③ 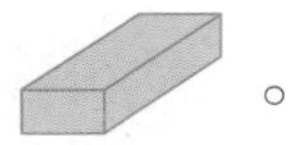。

图形的智慧之源

找三角形

有两条边相等的三角形，称为等腰三角形。在下图中，你能够找出几个橙色边这样的等腰三角形（以五边形的相邻两边为三角形的边）？

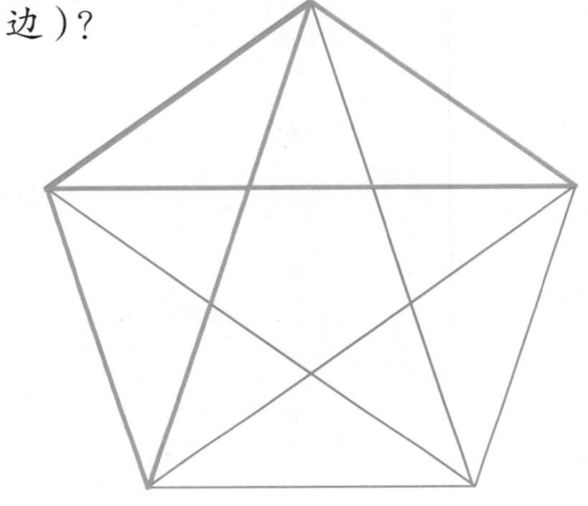

一共有 5 个与橙色边相同的等腰三角形。现在，请问在下图中，一共有几个这样绿色的等腰三角形（其中一个顶点在五边形内部）？

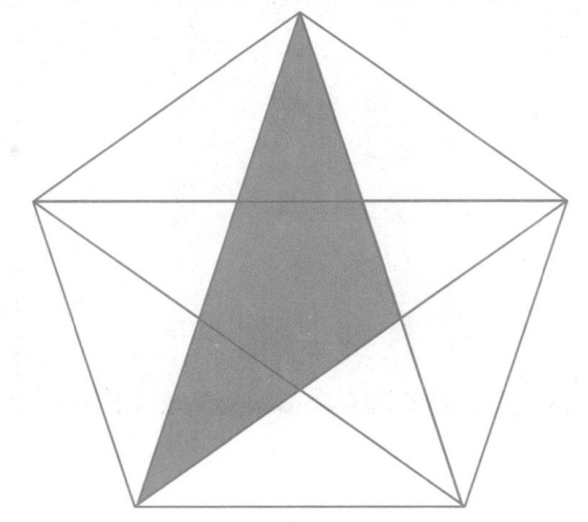

答案：5 个

◆ 多方面思考问题的方法。

①～④表示各种形状的取法。想一想，在①～④中，与涂上颜色的三角形一样的图形各有几个？

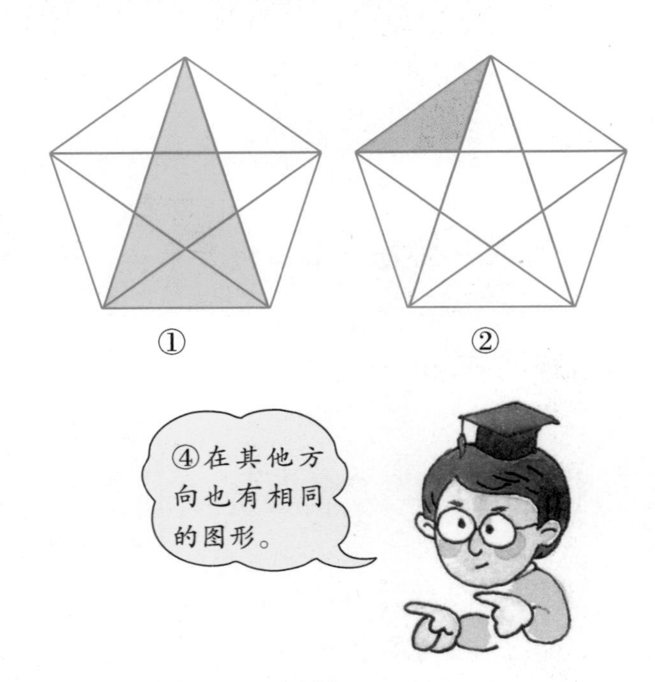

④的取法比较难吧。

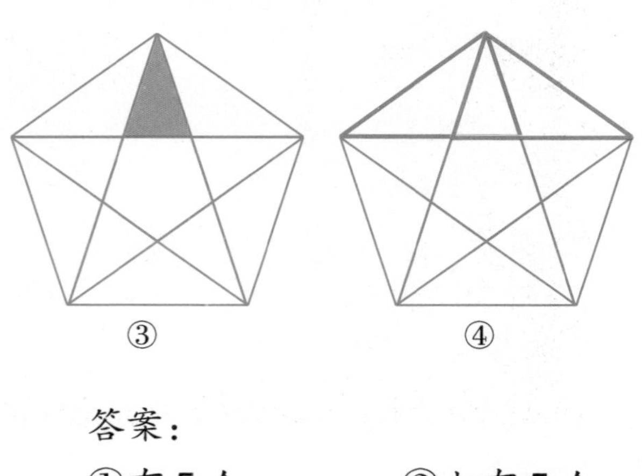

答案：

①有 5 个　②也有 5 个

③也有 5 个　④有 10 个

图表与图解

表示位置

位置的表示方法（1）：第几个……

兔小弟跟朋友们去看表演。

学习重点

位置是指物体所在或所占的地方。排成一行的物体用“第几个”就可以表示位置，排成一大片方阵的物体要用横行、竖列两个方向的数来表示。

◆ **请看上图，然后在□内填入数字。**

兔小弟　所坐的位置，是从前边算起第□行，从左边算起第6个。

猪小弟　所坐的位置，是从前边算起第2行，从左边算起第□个。

熊小弟　所坐的位置，是从前边算起第□行，从左边算起第□个。

位置的表示方法（2）：组合数字

第一个数字表示从前边算起第几行，后面的数字表示从左边算起第几个。

我知道了，我的座位在从前边算起第7行，从左边算起第5个。

我在从前边算起第5行，从左边算起第3个的座位。

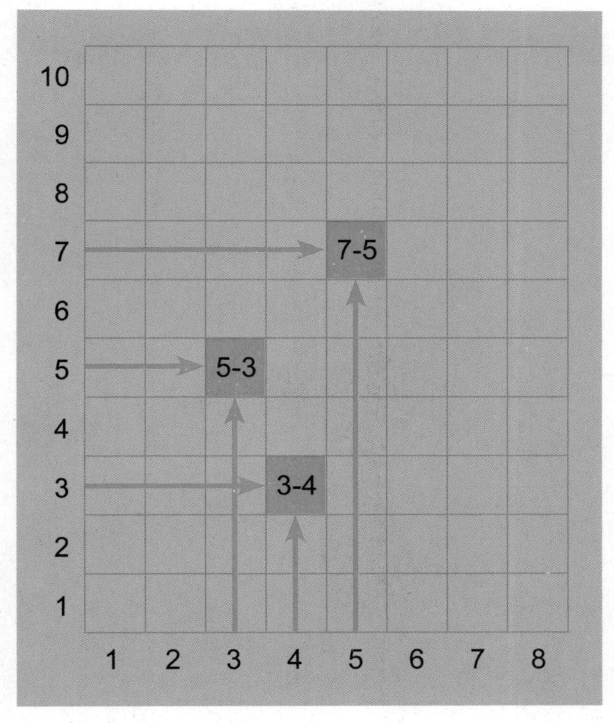

※ 用两个数字组合可以清楚地表示出位置。

画图表和图解

数的比较

制成图表来比较数的大小。

许多牛仔、森林居民以及村民都赶来了。可是由于不会排队，所以算不出到底哪一队的人最多。

学习重点

可以用眼睛目测每队人数的多少，但更可靠的方式是做成图表，用图解来比较多少。

少年警长把各队人数画成右边的图表。

集合的人数

村民	森林居民	牛仔

从左边的图可以看出，三队的人数不同，最高的一队人数最多，画图表解决问题的方法叫作图解。

敌人还没来以前先练习射击。

打中与没打中

打中与没打中的次数记录表

村民	森林居民	牛仔
○	○	×
○	×	○
×	×	○
○	×	○
○	○	×
○	○	○
×	○	×
×	○	○
○	×	○
×	×	○

打中的次数统计表

村　民	森林居民	牛　仔
		○
○		○
○	○	○
○	○	○
○	○	○
○	○	○
○	○	○

把打中的次数画成图表，就很容易看出哪一队打中的最多。

◎ 图表的整理

◆ 少年警长用望远镜侦察敌人。

◆ **有没有办法让少年警长的报告更简单明了呢？你也帮他想一想吧！**

走路拿枪的有 8 人，骑马拿枪的有 15 人，走路拿箭的有 5 个，骑马拿箭的有 7 人，走路拿矛的有 9 人，骑马拿矛的有 5 人，走路拿旗子的有 1 人。

所有的人数是：
8+15+5+7+9+5+1=50，
总共有 50 人。

◆ 因此，他们 3 人把它分类后，做成下面的图表。

※ 先把敌人分成走路和骑马的，以便计算人数。

敌人的人数	
走路的人	23
骑马的人	27
总计	50

总共有 50 人。

※ 再把武器分类，以便计算武器有几种。

拿枪的人	
走路的人	8
骑马的人	15
总计	23

拿枪的有 23 人。

拿箭的人	
走路的人	5
骑马的人	7
总计	12

拿箭的有 12 人。

拿予的人	
走路的人	9
骑马的人	5
总计	14

拿矛的有 14 人。

※ 武器算出来后，再整理成图表。

拿各种武器的人数	
拿枪的人	23
拿箭的人	12
拿矛的人	14
总计	49

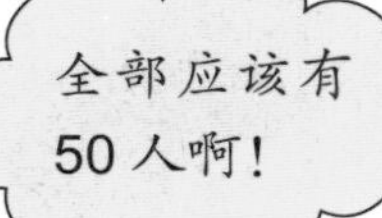

◆ **有1个人没有带武器，这个敌人手上只拿着旗子。**

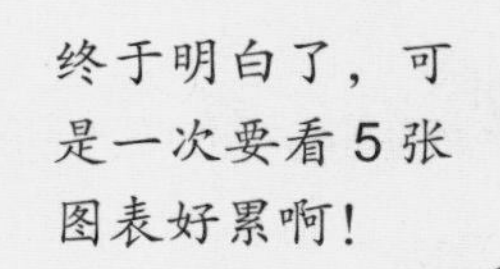

从骑马和走路来区别

再把拿各种武器的人分成走路和骑马两种，然后计算他们的人数。

	走路的人	骑马的人	总计
拿枪的人	8	15	23
拿箭的人	5	7	12
拿矛的人	9	5	14
拿旗子的人	1	0	1
总计	23	27	50

例　题

①拿箭走路的有多少个人？

②拿枪骑马的有多少个人？

整　理

①绘制图表的时候，要选定目标，不能遗漏，也不能重复。

②有的图表可以从竖的与横的两个方向来计算。

巩固与拓展

整 理

1. 位置的表示法

🌼的位置从前边人行道数过来是第 2 行，从左边数过来是第 4 列，也就是在第 2 行的第 4 列。先从前边或后边开始数，就不容易数错。

注意，如果从不同的方向（定点）去数，位置的表示方法也不一样。

试一试，来做题。

1. 右图是小华班上的鞋柜。在（　　）里填上数字。

①小华的鞋箱是从上面数起第（　　）行，左边数起第（　　）列。

2. 表和图

小明和同学一起在池塘边捉了许多鱼、虾和蝌蚪。

把鱼、虾和蝌蚪用表或图列出来，便容易算出每一种的数量。

鱼、虾等的数量

虾	蝌蚪	青鳉	鲫鱼
3	6	4	2

鱼、虾等的数量

虾	蝌蚪	青鳉	鲫鱼

②小玉的鞋箱是从下面数起第（　　）行，左边数来的第（　　）列。

③小英的鞋箱是从上面数起第（　　）行，右边数来的第（　　）列。

答案：1. ① 2、2；② 1、1；③ 1、2。

29×50=?
走廊

2. 左图是小明班上座位的排列方式。

①小明的座位是从前面数的第 2 行，从走廊边数的第 3 列。

在小明的位子上画“◎”。

②小英的座位是从前面数的第 3 行，从走廊边数的第 4 列。

在小英的位子上画“○”。

③画“▲”的座位是小玉的位子。

试一试，小玉的座位怎么说呢？

(　　　　　　　　　　)

3. 右图代表教室的座位。试一试，回答下面的问题。

①从前面和左边数，■的座位是第 1 行的第 1 列。

小华的座位应该怎么说呢？

②从前面数第 3 行，从左边数第 2 列的座位应该怎么说呢？

把这个位子涂成红色。

老师					
			小华		

答案：2. ③从前面数的第 2 行，从走廊边（从右边）数的第 2 列。

3. ①第 4 行的第 4 列；②第 3 行的第 2 列。

4. 右图中有各种不同的动物。试一试，用表和图表把动物的数量表示出来。

动物的数量

蝴蝶	兔子	猪	鸡

在下面表格里画“○”，表示动物的数量。

动物的数量

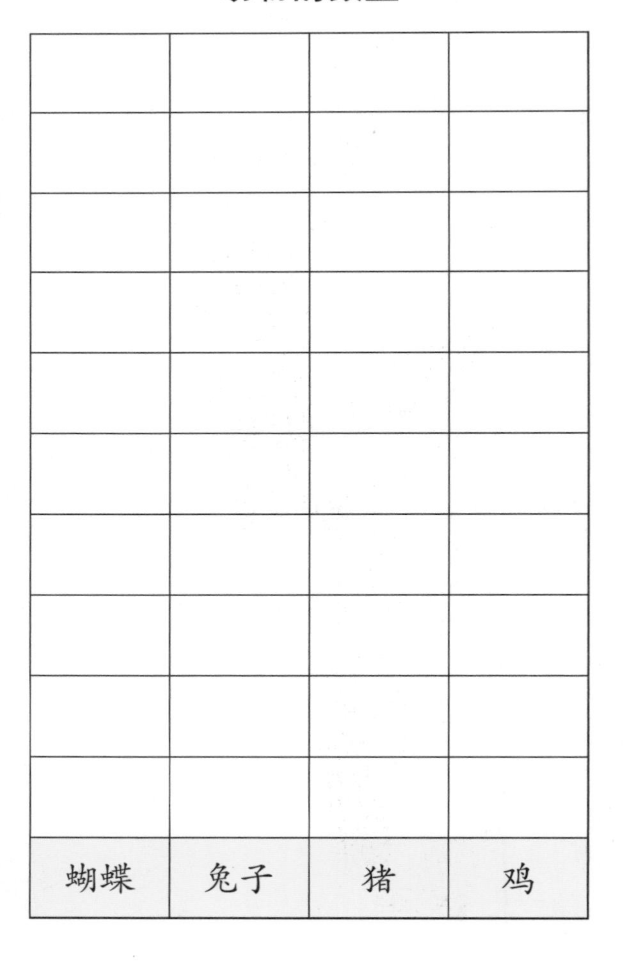

蝴蝶	兔子	猪	鸡

答案：4. 蝴蝶 6，兔子 5，猪 6，鸡 10。

解题训练

■ 位置的表示法。

1 树上有许多小鸟。

① 是从右边数第几只？

② 是从左边数第几只？

◀ 提示 ▶

这里的右边是指最右边。最右边的小鸟是指从最右边数的第 1 只小鸟。

解法：①是从右边数的第 6 只，

②是从左边数的第 7 只。

答：①第 6 只；②第 7 只。

■ 位置的表示法。

2 在右边的四边形里，■的位置是在第 3 行的第 2 列。

请把第 3 行的第 4 列的格子涂成红色。

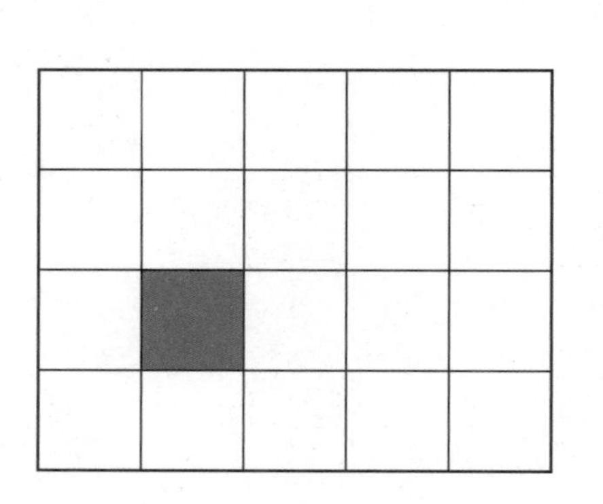

◀ 提示 ▶

先找出第 1 行第 1 列的位置。

第 1 行是指从上边数起。

解法：■的位置在第 3 行的第 2 列，所以第 1 行的第 1 列是指。那么，第 3 行的第 4 列就是右图所指的位置。

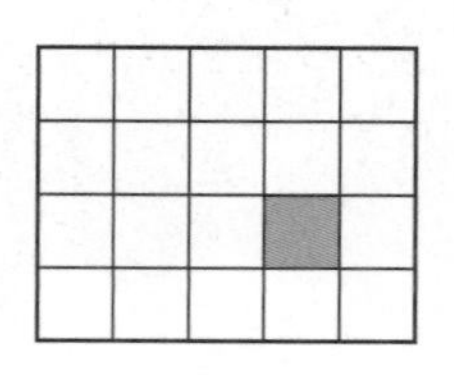

■ 位置的表示法。

3 用4种不同的方法写出右边●的位置。

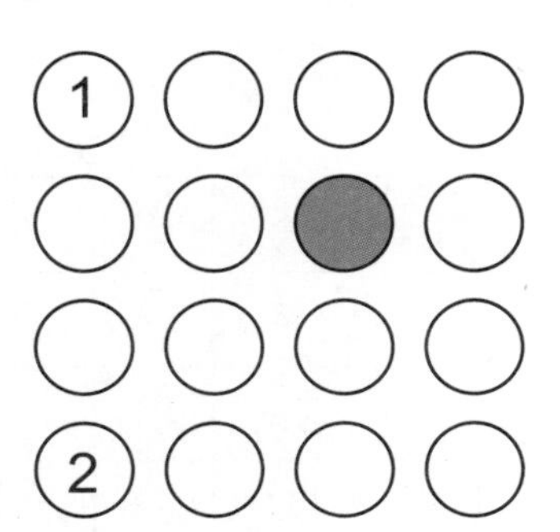

◀ 提示 ▶
先确定一个定点。

解法：定点不同时，位置的表示也不一样，例如以①为定点时，●是第2行的第3列；以②为定点时，●是第3行的第3列……

答：第3行的第2列、第3行的第3列、第2行的第2列、第2行的第3列。

■ 图的读法。

4 下图是小英班上同学的生日调查表。

生日调查表

1月	2月	3月	4月	5月	6月	7月	8月	9月	10月	11月	12月
							●				
							●				
				●			●				
			●	●			●	●			●
●			●	●		●	●	●	●		●
●	●		●	●	●	●	●	●	●	●	●
●	●	●	●	●	●	●	●	●	●	●	●

①生日人数最多的月份是几月？

②9月份出生的学生有多少人？

◀ 提示 ▶
1个●代表1个人。

解法：①找出●数量最多的月份，并算一算●的数量。
②9月的●总数就是9月出生的人数。

答：①8月；②4人。

■ 数一数并画出图表。

5 下图是小华班上同学玩游戏的成绩。

游戏的成绩

小　华	○	×	○	○	○	×	×	○	○	×
小　英	×	○	○	○	○	○	○	×	○	×
小　强	○	○	○	○	○	○	○	○	×	○
小　玉	○	×	×	×	○	○	×	×	×	○
小　明	○	×	○	×	×	×	○	○	×	○

○表示得分　　× 表示没有得分

把上面的图改一改，只画出得分的图。

游戏的成绩

小　华	○	○	○	○	○	○			
小　英									
小　强									
小　玉									
小　明									

◀ 提示 ▶

要先仔细数一数○的数量。

解法：在图中画出○就可以了。

答：

小　华	○	○	○	○	○	○			
小　英	○	○	○	○	○	○	○		
小　强	○	○	○	○	○	○	○	○	○
小　玉	○	○	○	○					
小　明	○	○	○	○	○				

■ 表的读法，把表改成图。

6

下面是面包店一星期里卖出的蛋糕数量的调查表。

卖出的蛋糕数量

日期	6	7	8	9	10	11	12
卖出的蛋糕数量	3	9	6	12	7	4	7

①哪一天卖出的蛋糕最多？

②这一星期里共卖了多少蛋糕？

③用图表画出蛋糕出售的情况。

卖出蛋糕的情况

6 日	○	○	○									
7 日												
8 日												
9 日												
10 日												
11 日												
12 日												

◀ 提示 ▶

①找出蛋糕数量最多的 1 天。

② 6 日到 12 日所卖的蛋糕总数。

③ 1 块蛋糕用 1 个○表示。仔细数一数，不要数错。

解法：①表上的蛋糕数量最多是 12 块，卖 12 块蛋糕的是在 9 日。

②把卖出的蛋糕数量全部加起来。

3+9+6+12+7+4+7=48

③每 1 块蛋糕用 1 个○表示。

答：① 9 日；② 48 块；③从最上面一行开始，○的数量各是 3、9、6、12、7、4、7。

加强练习

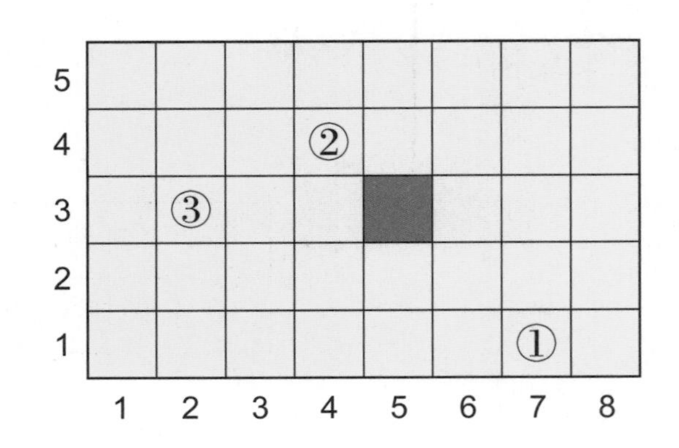

1. 右图里■的位置可以用（3，5）来表示。试一试，用同样的方法写出①、②、③的位置。

①（　，　）　②（　，　）　③（　，　）

2. 小华和朋友一起采草莓。下面图表是每位小朋友所采得的草莓。现在请看图表回答问题。

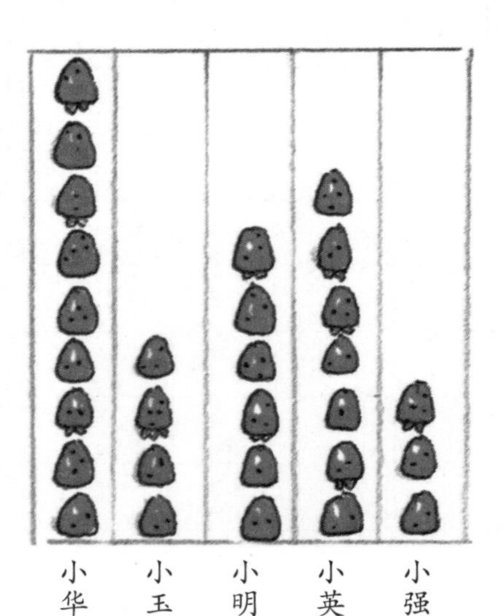

①谁采的草莓最多？

②谁采的草莓最少？

③小英比小玉多采了几颗草莓？　　颗

解答和说明

1. ■用（3，5）来表示，所以定点是在左下角的（1，1）。

答：①（1，7）；②（4，4）；③（3，2）。

2. ①小华；②小强；③用减法便可算出小英比小玉多采了几颗草莓，

7–4=3（颗）。

答：3颗。